memo
Wissen entdecken

Clever

Dinosaurier

DK

DK Penguin Random House

DK Delhi
Projektbetreuung Virien Chopra
Bildredaktion Nishesh Batnagar, Govind Mittal, Isha Nagar, Romi Chakraborty
Lektorat Kingshuk Ghoshal
DTP-Design Mohammad Usman, Vishal Bhatia
Bildrecherche Sumedha Chopra
Cheflektorat Saloni Talwar
CTS-Manager Balwant Singh
Herstellung Pankaj Sharma

DK London
Lektorat Dr. Rob Houston
Bildredaktion Philip Letsu
Umschlaggestaltung Manisha Majithia, Laura Brim, Sophia Tampakopolous
Herstellung Ben Marcus, Mary Slater
Cheflektorat Andrew Macintyre
Programmmanager Liz Wheeler
Art Director Phil Ormerod
Programmleitung Jonathan Metcalf

Fachliche Beratung Prof. Michael J. Benton

Für die deutsche Ausgabe:
Programmleitung Monika Schlitzer
Redaktionsleitung Martina Glöde
Herstellungsleitung Dorothee Whittaker
Herstellungskoordination Katharina Dürmeier
Herstellung und Reihengestaltung Anna Ponton

Titel der englischen Originalausgabe:
Pocket Eyewitness Dinosaurs

Übersetzung Eva Sixt
Lektorat Gundula Müller-Wallraf

ISBN 978-3-8310-2491-9

Druck und Bindung RR Donnelley, China

FSC www.fsc.org
MIX
Papier aus verantwortungsvollen Quellen
FSC® C144853

www.dorlingkindersley.de

INHALT

Größenvergleich
Jedes Tier ist mit einem Menschen oder einer Hand abgebildet. Das macht deutlich, wie groß sie waren.

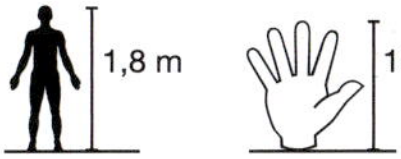

Kentrosaurus

Vor den Dinosauriern

Die Erde ist über 4,5 Milliarden Jahre alt. Die ersten Lebewesen tauchten erst etwa 1 Milliarde Jahre nach der Entstehung des Planeten auf. Es waren einzellige Organismen. Über Millionen von Jahren entwickelten sich wirbellose Tiere (Tiere ohne Wirbelsäule) und Wirbeltiere. Wissenschaftler teilen die Erdgeschichte in Erdzeitalter ein. Diese werden wiederum in Perioden unterteilt.

Kambrische Explosion

Vor etwa 530 Mio. Jahren entwickelten sich in kurzer Zeit viele Arten wirbelloser Tiere. Dieses Ereignis im Kambrium nennt man Kambrische Explosion.

Anomalocaris **war in den Ozeanen des Kambriums der gefährlichste Räuber.**

PRÄKAMBRIUM	Kambrium	Ordovizium	Silur
	PALÄOZOIKUM		
	Vor 542 Mio. Jahren	Vor 488 Mio. Jahren	Vor 443 Mio. Jahren

Leben im Präkambrium

Zu den ersten Lebewesen gehörten Bakterien, die in Matten auf dem Meeresgrund lebten. Sie bildeten Strukturen aus Sedimenten und Mineralien, die man Stromatolithen nennt. Noch heute gibt es Stromatolithen (links). Einige versteinerte Stromatolithen sind unglaubliche 3,5 Mrd. Jahre alt.

Stromatolithen

Pflanzen im Devon

In der Periode des Devon vor 416–359 Mio. Jahren entwickelte sich der Baum *Archaeopteris*. Dichte Wälder breiteten sich auf der Erde aus.

Archaeopteris

Dimetrodon

Reptilien des Perms

Im Perm lebten viele verschiedene Reptiliengruppen. Unter ihnen waren auch die Vorfahren der Dinosaurier. *Dimetrodon* allerdings war ein Vorfahre der Säugetiere.

Devon | Karbon | Perm

Vor 299 Mio. Jahren

Amphibamus

Amphibien des Karbons

Wirbeltiere, die auf vier Beinen laufen, nennt man Tetrapoden. Sie entwickelten sich im Devon. Im Karbon kamen sie auf dem Festland häufig vor. Die Amphibie *Amphibamus* war ein früher Tetrapode.

Die Dinosaurier

Die Dinosaurier lebten im Mesozoikum (Erdmittelalter) vor 252 bis 65 Millionen Jahren. Dieses Erdzeitalter unterteilt man in die Perioden Trias, Jura und Kreide. Zum Ende der Kreide vor etwa 65 Millionen Jahren starben die Dinosaurier aus. Die ersten Hominiden (Menschenaffen und Menschen) entwickelten sich vor ungefähr 4 Millionen Jahren.

Eoraptor

Die ersten Dinosaurier

Die Dinosaurier entwickelten sich in der Trias. Die ersten Dinosaurier, wie *Eoraptor,* waren kleine Tiere, die auf zwei Beinen liefen.

Trias | Jura

MESOZOIKUM

Vor 252 Mio. Jahren

Vor 200 Mio. Jahren

Riesen des Juras

Im Jura entwickelten sich die Dinosaurier weiter und wurden die vorherrschenden Tiere an Land. Einige wurden riesengroß, wie die Sauropoden. Andere, wie der Theropode *Archaeopteryx*, erhoben sich in die Lüfte.

***Mamenchisaurus*, ein Sauropode**

Die Primaten

Das Erdzeitalter nach dem Mesozoikum nennt man Känozoikum. In der ersten Periode, dem Paläogen, entwickelten sich die Primaten. Unter ihnen waren die Vorfahren der Menschen.

Erste Menschen

Viele moderne Säugetiere wie Pferde, Kamele und Kühe entwickelten sich im Neogen. Die Vorfahren der Menschen (Hominiden) stammen aus Afrika und breiteten sich auf der ganzen Erde aus.

***Eosimias*, ein früher Primat**

Kreide | Paläogen | Neogen

KÄNOZOIKUM

Vor 65 Mio. Jahren | Vor 23 Mio. Jahren

Heute

Wir leben im Quartär. Diese Periode begann vor 2,6 Mio. Jahren und dauert bis heute an.

Die Dinosaurier sterben aus

In der Kreide entwickelten sich neue Dinosauriertypen wie die Ceratopsier und Ankylosaurier. Vor etwa 65 Mio. Jahren schlug ein Meteorit auf der Erde ein. Die Dinosaurier starben aus und das Mesozoikum ging zu Ende.

Die Trias

In der Periode der Trias vor 252 bis 200 Millionen Jahren waren alle Kontinente der Erde miteinander zu einer einzigen riesigen Landmasse namens Pangäa verbunden. Vor Beginn der Trias hatte es ein Massenaussterben gegeben. Die meisten Landtiere waren verschwunden. Die Lebensräume füllten sich allmählich wieder mit Reptilien. Unter ihnen waren die ersten Dinosaurier. Auch die Säugetiere entwickelten sich in dieser Zeit.

Pleuromeia

Die Erde verändert sich

In der Trias bedeckten Wüsten die Erde. Die meisten Pflanzen wuchsen in Küstennähe und in Flusstälern, denn hier war der Boden feucht. Damals gab es Farne und baumähnliche Pflanzen wie *Pleuromeia*.

Farnwedel

Frühe Flieger

Einige Reptilien erhoben sich in der Trias zum ersten Mal in die Luft. Es waren die Flugsaurier, die nah mit den Dinosauriern verwandt waren.

***Eudimorphodon*, ein früher Flugsaurier**

Pflanzenfresser

Zu den großen Tieren, die an Land lebten, gehörten die Rhynchosaurier, eine Gruppe pflanzenfressender Reptilien.

***Hyperodapedon*, ein Rhynchosaurier**

Dinosaurier

Die ersten Dinosaurier, unter ihnen *Coelophysis*, erschienen vor etwa 230 Mio. Jahren in der Trias. Die meisten Dinos dieser Zeit waren klein, ungefähr so groß wie ein Mensch. Andere Reptiliengruppen waren damals in der Überzahl.

Coelophysis

Der Jura

Die Periode des Juras begann vor etwa 200 Millionen Jahren. Vor 175 Millionen Jahren brach Pangäa allmählich in zwei große Kontinente auseinander: Laurasien und Gondwana. Wissenschaftler glauben, dass ein Massenaussterben zu Beginn des Juras die meisten Reptiliengruppen der Trias auslöschte. Die Dinosaurier überlebten. Weil sie nicht mehr so viele Nahrungskonkurrenten hatten, konnten sie sich besonders gut entwickeln.

Giganten der Meere

Im Mesozoikum lebten riesige Reptilien in den Meeren. Im Jura gab es viele delfinähnliche Ichthyosaurier und echsenähnliche Plesiosaurier.

***Ichthyosaurus*, ein Ichthyosaurier**

Williamsonia

Neue Landschaften

Die Wüsten auf der Erde verwandelten sich allmählich in üppige Wälder. Die Pflanzen hatten sich bereits in der Trias entwickelt. Unter ihnen waren Nadelbäume wie Araukarien (diese Pflanzen gibt es noch heute) und *Williamsonia*, kleine Bäume mit palmwedelartigen Blättern.

Blätter einer Araukarie

Pterodactylus

Drachen der Lüfte

Die Flugsaurier der Trias entwickelten sich zu besseren Fliegern. Einer von ihnen war *Pterodactylus*. Mit längeren Flügeln und einem kürzeren Schwanz war er in der Luft wendiger.

Zeitalter der Riesen

Die Sauropoden waren die größten Lebewesen, die je an Land gelebt haben. Einige wurden bis zu 18 m hoch. Diese Giganten zogen in Herden durch die Wälder. Sie waren die Beute von riesigen Raubsauriern aus der Gruppe der Theropoden.

Brachiosaurus, ein Sauropode

Die Kreide

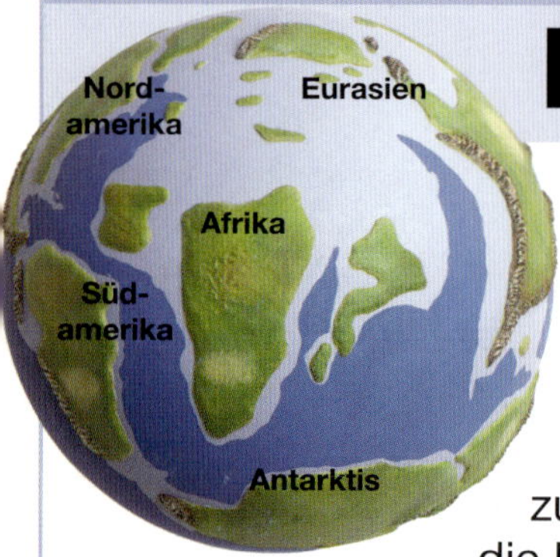

In der Kreide vor 145 bis 65 Millionen Jahren veränderte sich viel: Die Kontinente Laurasien und Gondwana brachen auseinander. Die Erde sah langsam so ähnlich aus wie heute. Die Zahl der Sauropoden ging zurück, aber andere Pflanzenfresser, wie die Entenschnabelsaurier und Ceratopsier, verbreiteten sich. In dieser Periode tauchten auch die Blütenpflanzen auf.

Die Pflanzen werden bunter

In der frühen Kreide bedeckten üppige Wälder mit Nadelbäumen und Farnen einen großen Teil des Festlands. Eine Pflanze dieser Zeit war der Baumfarn *Tempskya*. Er hatte keinen richtigen Stamm, sondern viele aufrecht wachsende, verflochtene Triebe. Das Aussehen der Landschaften veränderte sich, als die Blütenpflanzen mit ihren bunten Blüten entstanden.

Tempskya

Magnolienblüte

Liaoxiornis, ein Vogel der Kreide

Gefiederte Flieger

Die ersten Vögel hatten sich im Jura entwickelt. In der Kreide gab es aber noch viel mehr Arten. Einige besaßen einen zahnlosen Schnabel und waren den heute lebenden Vögeln bereits recht ähnlich.

Mosasaurus, ein Mosasaurier

Lauerjäger

In der Kreide beherrschten riesige Räuber die Meere: die Mosasaurier. Mit ihrem kräftigen Schwanz konnten sie gut schwimmen. Diese Riesen lauerten ihrer Beute auf und packten sie dann plötzlich.

Zalambdalestes

Kleine Allesfresser

Auch Säugetiere gab es bereits im Zeitalter der Dinosaurier. Sie waren klein und fraßen Pflanzen, kleine Tiere und Eier.

Pflanzenfresser

Ceratopsier und Hadrosaurier, wie *Maiasaura*, waren in der Kreide weit verbreitet. *Triceratops* war ein großer Ceratopsier. Diese Tiere lebten in Herden und verspeisten wahrscheinlich Blütenpflanzen.

Triceratops

Vorfahren der Dinos

Die Vorfahren der Dinosaurier wie aller anderen Wirbeltiere an Land waren Fische. Bei einigen Fischen bildeten sich die Flossen zu Beinen um, mit denen die Tiere auf dem Festland laufen konnten. Mit Lungen atmeten sie Luft. Eine Gruppe entwickelte sich zu den Reptilien. Eine der vielen Reptiliengruppen waren die Dinosaurier.

Panderichthys

Fleischflosser

Die Fleischflosser, wie *Panderichthys*, sind die Vorfahren aller Wirbeltiere, die auf vier Beinen laufen. In ihren Flossen befanden sich die gleichen Knochen, die auch unsere Arme und Beine stützen.

Erste Schritte

Einer der ersten Tetrapoden war *Acanthostega*. Das Tier hatte einen Fischschwanz, mit dem es sich im Wasser fortbewegte. Mit seinen vier Beinen konnte es laufen.

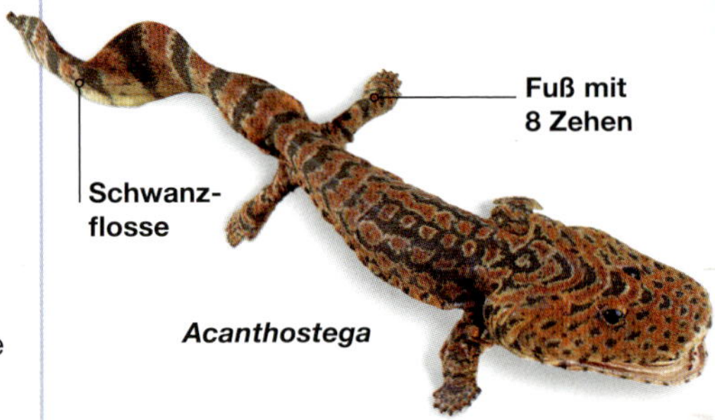

Acanthostega

Neuartige Eier

Die frühen Tetrapoden legten ihre Eier im Wasser ab. Im Lauf der Zeit entwickelten einige, wie *Westlothiana*, neuartige Eier mit einer festen Schale. Sie konnten diese Eier an Land ablegen, denn sie trockneten nicht aus. Aus diesen Tieren entstanden die Reptilien und die Säugetiere.

Westlothiana

Verwandte der Dinos

Die Dinosaurier gehörten zur Reptiliengruppe der Archosaurier. Auch die heute lebenden Krokodile sind Archosaurier. Sie entwickelten sich aus frühen Archosauriern wie *Parasuchus*. Diese Tiere liefen auf seitlich vom Körper abgespreizten Beinen.

Parasuchus

Auf den Hinterbeinen

Später entwickelten sich Archosaurier, deren Beine senkrecht unter dem Körper standen und nicht seitlich abgespreizt waren wie bei Krokodilen. So konnten sie schneller laufen. Viele Forscher glauben, dass sich die Dinosaurier aus solchen aufrecht laufenden Archosauriern entwickelt haben.

***Postosuchus*, ein späterer Archosaurier**

Dinosauriertypen

Während des Mesozoikums entwickelten sich über 1000 Dinosaurierarten. Riesige Sauropoden weideten in den Blättern der Baumkronen. Theropodenrudel hetzten ihre Beute und zerrissen sie mit scharfen Zähnen und Krallen. Einige Dinosaurier waren gepanzert, andere trugen Hörner oder Stacheln zum Schutz.

Gigantisch!

Einige Dinosaurier waren die größten Tiere, die je auf der Erde gelebt haben, aber niemand weiß genau, warum sie so riesig wurden. Ein Grund ist vermutlich, dass Raubsaurier solche Riesen kaum überwältigen konnten.

Barosaurus, ein bis 28 m langer Sauropode

Muttaburrasaurus, ein bis 8 m langer Ornithopode

Ankylosaurus, ein 6 m langer Ankylosaurier

Dinosaurier

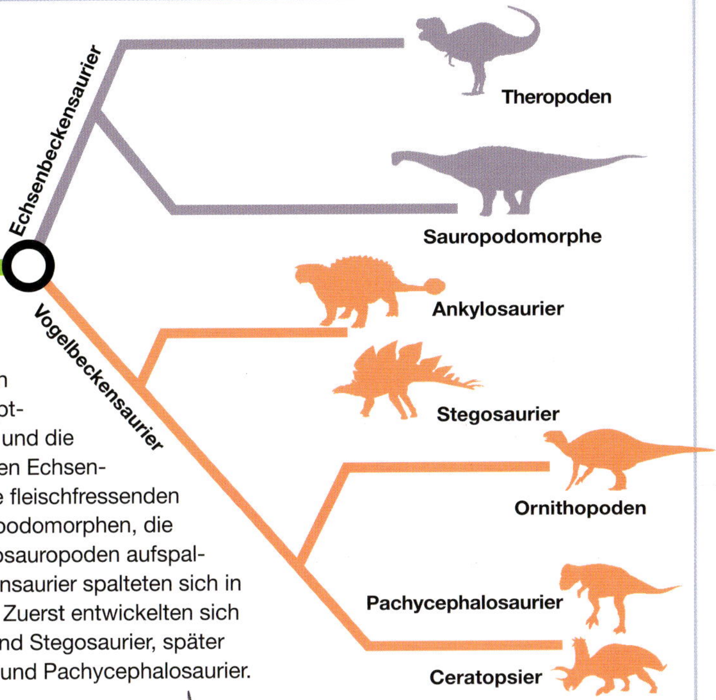

Stammbaum

Aus den ersten Dinosauriern entwickelten sich zwei Hauptgruppen: die Vogelbecken- und die Echsenbeckensaurier. Zu den Echsenbeckensauriern gehören die fleischfressenden Theropoden und die Sauropodomorphen, die sich in Sauropoden und Prosauropoden aufspalteten. Auch die Vogelbeckensaurier spalteten sich in verschiedene Gruppen auf. Zuerst entwickelten sich gepanzerte Ankylosaurier und Stegosaurier, später Ornithopoden, Ceratopsier und Pachycephalosaurier.

Styracosaurus, ein 5,2 m langer Ceratopsier

Alxasaurus, ein 4 m langer Theropode

Ein 1,8 m großer Mensch

Vom Dino zum Vogel

Wir wissen heute, dass sich die Vögel aus den Theropoden entwickelt haben. Die heute lebenden Vögel haben einen kurzen Schwanz und ein großes Brustbein, an dem kräftige Flugmuskeln ansetzen. Ihre Vorfahren hatten diese Merkmale noch nicht. Es dauerte Millionen von Jahren, bis sie sich so entwickelten.

Ein Fossil von *Sinornithosaurus*

Fossil mit Federn

Als man im Jahr 1996 ein Fossil von *Sinosauropteryx* entdeckte, war das eine Sensation. Es war mit einem Flaum bedeckt, der einem Federkleid ähnelte. Die Forscher begriffen, dass sich die Federn vor dem Flug entwickelt hatten.

Das Federkleid

Die ersten Federn dienten nicht zum Fliegen. Sie wärmten den Körper oder wurden bei der Balz eingesetzt. Das zeigen die Spuren von verschiedenen Federn an gut erhaltenen *Sinornithosaurus*-Fossilien.

Kleiner Flieger

Microraptor, einer der kleinsten Dinosaurier, war nur wenig größer als eine Taube. Seine asymmetrischen Federn an Armen und Beinen verschafften ihm Auftrieb. So konnte er von Baum zu Baum gleiten.

Früher Vogel

Archaeopteryx galt lange Zeit als der erste echte Vogel. Er ist einer der ältesten bekannten Theropoden, die richtig fliegen konnten. Mit seinen asymmetrischen Schwungfedern konnte er auch gleiten. Der Dinosaurier aus dem Jura hatte noch einen langen Reptilienschwanz und Krallen an den Flügeln.

Moderner Vogel

Iberomesornis lebte in der Kreide und war etwa so groß wie ein Fink. Er war ein Vorfahre der modernen Vögel. Wie diese hatte er einen kurzen Schwanz mit Federn und ein vergrößertes Brustbein, aber noch keine sehr kräftigen Flugmuskeln.

EVOLUTION DER FEDERN

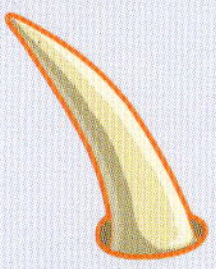

Die ersten Federn waren hohle Filamente.

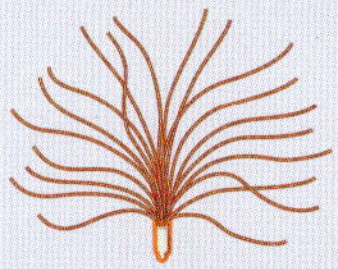

Aus ihnen entwickelten sich an der Basis verbundene Federstrahlen.

Dann entwickelten sich Strahlen, die an einer Achse standen.

Asymmetrische Schwungfedern verschafften Auftrieb.

Die Dinos sterben aus

Die Dinosaurier beherrschten die Erde über 160 Millionen Jahre lang. Dann, vor etwa 65 Millionen Jahren, starben sie und viele andere Tierarten aus. Es gibt verschiedene Theorien, warum dieses Massenaussterben stattfand. Am wahrscheinlichsten ist, dass ein riesiger Meteorit auf der Erde einschlug. Zur selben Zeit brachen große Vulkane aus. Daraufhin änderte sich das Klima: Es wurde viel kälter.

Der Tod kam vom Himmel

Wissenschaftler haben herausgefunden, dass vor 65 Mio. Jahren ein Meteorit mit 10 km Durchmesser auf der Erde einschlug. Beim Einschlag wurden enorme Staubmengen aufgewirbelt, die das Sonnenlicht abschirmten. Deshalb wurde es auf der Erde immer kälter. Die meisten Lebewesen starben aus. Zur gleichen Zeit brachen viele Vulkane aus. Sie entließen Asche und giftige Gase in die Atmosphäre, die zum Aussterben der Lebewesen beitrugen.

HINWEISE AUF NATURKATASTROPHEN

Meteoriteneinschlag Der Chicxulub-Krater auf der Halbinsel Yucatán (Mexiko) ist bei einem Meteoriteneinschlag vor 65 Mio. Jahren entstanden. Diese Illustration zeigt, wie der Einschlagkrater vom Weltall aus ausgesehen haben könnte. Der Krater wurde um 1990 entdeckt und hat über 180 km Durchmesser.

Vulkanausbrüche Hier ist das Hochland von Dekkan in Indien zu sehen. Es ist aus flüssiger Lava entstanden und gehört zu den größten vulkanischen Landschaften der Erde. Vor 80–60 Mio. Jahren brachen viele Vulkane immer wieder aus. Wissenschaftler schätzen, dass die Lava ein Gebiet von 1,5 Mio. km² bedeckte – die Hälfte der Fläche des heutigen Indiens.

Das Säugetier *Phenacodus* lebte im Paläogen.

Überlebt!

Vögel und kleine Säugetiere überlebten das Massensterben zum Ende der Kreidezeit. Weil die Theropoden ausstarben, gab es keine großen Räuber mehr. So konnten sich die Säugetiere weiterentwickeln, wurden größer und breiteten sich schließlich auf der ganzen Erde aus.

Wie Fossilien entstehen

Fast alles, was wir über Dinosaurier wissen, haben uns Fossilien verraten. Fossilien sind die Überreste von Pflanzen und Tieren oder deren Spuren, die sich über Millionen von Jahren in Gestein verwandelt haben. Das Gestein bildet sich meist aus mineralienreichem Wasser, das in Hohlräume in Knochen, Schalen oder Baumstämme sickert.

Versteinerung

Bestimmte Umstände müssen gegeben sein, damit ein Tierkörper versteinert. Zunächst muss das tote Tier schnell verschüttet werden, etwa von Sand, den der Wind verweht, oder von Schlamm, den ein Fluss herbeispült. Es dauert Millionen Jahre, bis sich das Skelett in Stein verwandelt.

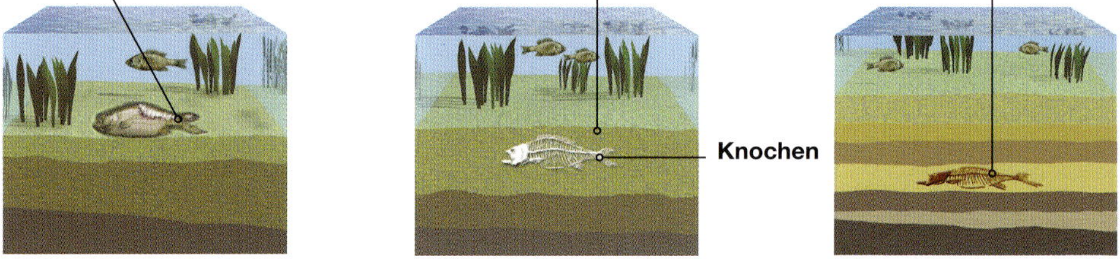

1. **Ein toter Fisch** sinkt auf den Grund eines Gewässers. Die weichen Teile verwesen oder werden gefressen.

2. **Mineralien** im Wasser sickern in kleine Hohlräume im Knochen und kristallisieren aus.

3. **Im Lauf der Zeit** verwandeln sich die Mineralien bei Hitze und Druck in Gestein.

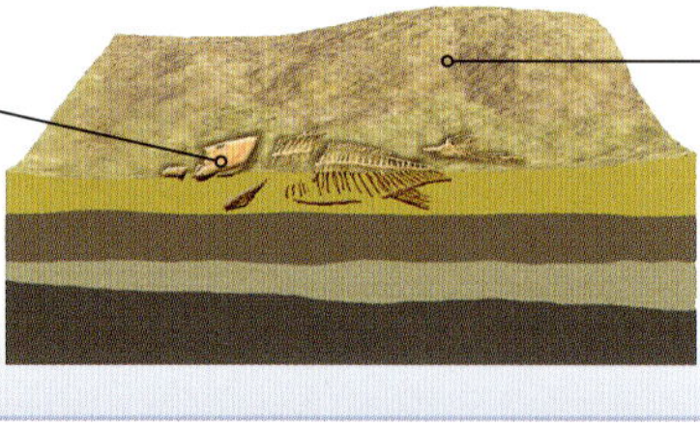

4. **Über Millionen Jahre** werden die Gesteinsschichten abgetragen, sodass das Skelett auf der Erdoberfläche erscheint, wo man es finden kann.

Mineralien kristallisieren aus

Ammoniten waren Verwandte der Tintenfische, die ein spiralig gewundenes Gehäuse besaßen. Sie lebten zur Zeit der Dinosaurier in den Ozeanen. Die Hohlräume dieses Ammonitengehäuses haben sich mit Mineralien gefüllt. Die Schale selbst hat sich in ein dunkleres Mineral verwandelt.

Weiche Körperteile

Meistens versteinern nur die harten Körperteile, wie Schalen und Knochen. Die weichen Teile werden von anderen Tieren gefressen oder verwesen. In seltenen Fällen, wenn das Tier sehr schnell verschüttet wurde, sind Haut und andere weiche Gewebe versteinert.

***Xiphactinus*, ein urzeitlicher Fisch, dessen Haut versteinert ist**

Spurenfossilien

Fossilien sind nicht immer die Überreste von Tieren und Pflanzen. Es kann sich auch um Spuren handeln, die sie hinterlassen haben, wie Eier, Kot und Fußabdrücke. Diese Fossilien nennt man Spurenfossilien.

Modell der Spuren von *Allosaurus* und *Apatosaurus*

Versteinerte Knochen

Vollständige Skelette sind selten erhalten. Meistens sind nur einzelne Zähne oder Knochen versteinert. Paläontologen müssen dann die fehlenden Teile ergänzen. Manchmal finden Fossiliensucher aber auch Skelette, bei denen die Knochen sogar noch miteinander verbunden sind.

Hand eines Iguanodon

Bei dieser versteinerten *Iguanodon*-Hand ist der Daumenstachel deutlich zu erkennen. Die ersten Versteinerungen, die man von diesem Tier entdeckte, waren nicht so vollständig. *Iguanodon* war einer der ersten Dinosaurier, die je gefunden wurden. 1820 stieß der englische Arzt Gideon Mantell in einem Steinbruch auf versteinerte Zähne und erkannte, dass es die Zähne eines riesigen urzeitlichen Tiers waren. Bald konnten er und andere Forscher weitere Knochen von *Iguanodon* sammeln. Fossilien kann man aber falsch deuten. Als Mantell das Skelett zusammensetzte, dachte er, der Daumenstachel sei ein Horn auf der Nase!

ZEIT Vor 135–125 Mio. Jahren (frühe Kreide)

GRÖSSE 25 cm lang

FUNDORT England

TIERGRUPPE Dinosaurier

Gryposaurus-Skelett

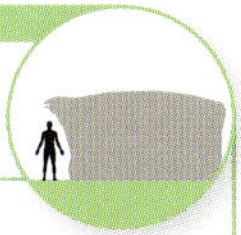

Gryposaurus war ein Hadrosaurier (siehe S. 92–93). Dieses Skelett wurde in Kanada an der Fundstätte Dinosaur Park Formation entdeckt. Das Skelett ist z. T. noch im Gestein eingebettet und z. T. rekonstruiert. Wissenschaftler haben eine Vorstellung davon, wie das Tier sich bewegte. Danach setzen sie die Fossilien zusammen. An Skeletten wie diesem kann man erkennen, dass Sehnen den Schwanz stabilisierten, sodass er waagerecht getragen werden konnte.

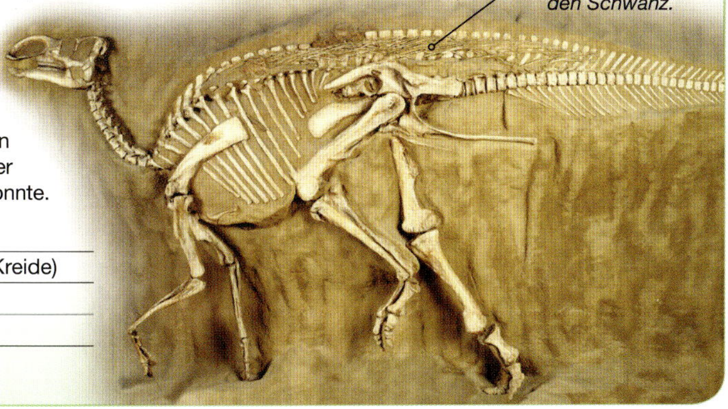

ZEIT	Vor 83–75 Mio. Jahren (Kreide)
GRÖSSE	9 m lang
FUNDORT	Nordamerika
TIERGRUPPE	Dinosaurier

Kralle von Baryonyx

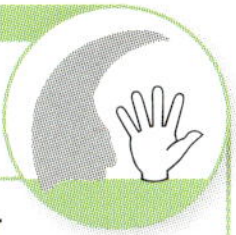

Die Wissenschaftler wissen nicht sicher, ob *Baryonyx* die Kralle am Zeigefinger oder Daumen trug. Wenn man nur einzelne Krallen findet, kann man sich leicht irren. Die Kralle hat eine Furche, an der eine Hornscheide ansetzte.

ZEIT	Vor 125 Mio. Jahren (Kreide)
GRÖSSE	35 cm von der Spitze zur Basis
FUNDORT	England
TIERGRUPPE	Dinosaurier

Schädel von Gallimimus

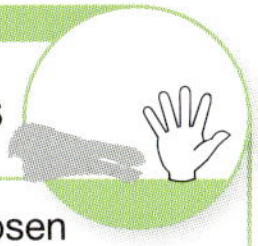

Gallimimus hatte einen langen, zahnlosen Schnabel. Die Augenhöhlen sind groß. Die Augen wiesen zu den Seiten und wurden von Knochenringen gestützt.

ZEIT	Vor 75–65 Mio. Jahren (späte Kreide)
GRÖSSE	30 cm lang
FUNDORT	Mongolei
TIERGRUPPE	Dinosaurier

Seltene Fossilien

Am häufigsten sind harte Teile von Tierkörpern versteinert. In seltenen Fällen wurde ein Tier aber auch so schnell verschüttet, dass die weichen Gewebe nicht verwesten. Dann sind manchmal Haut, Federn und sogar innere Organe erhalten.

Edmontosaurus-Haut

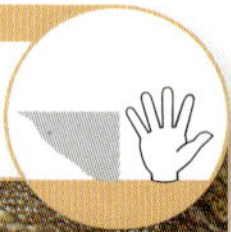

Schlamm sickerte in jede Falte der Haut von *Edmontosaurus*, sodass dieses schöne Fossil entstand. Man kann die Schuppen gut erkennen.

ZEIT	Vor 75–65 Mio. Jahren (Kreide)
GRÖSSE	20 cm Durchmesser
FUNDORT	USA
TIERGRUPPE	Dinosaurier

Polacanthus-Haut

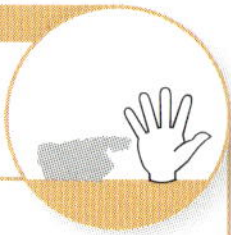

Großer Höcker

Bei diesem Fossil erkennt man Reste der knubbeligen Haut. Bevor das tote Tier verweste, wurde es mit Schlamm bedeckt. Ein Abdruck der Haut füllte sich mit Schlamm, der später versteinerte. So blieben die spitzen Höcker auf der Haut des Ankylosauriers erhalten.

ZEIT	Vor 130 Mio. Jahren (Kreide)
GRÖSSE	15 cm Durchmesser
FUNDORT	England
TIERGRUPPE	Dinosaurier

Sinornithosaurus-Fossil

2001 wurde in China dieses vollständige Fossil von *Sinornithosaurus* gefunden. Um die Knochen sind Abdrücke von Federn zu erkennen. Dieser bodenlebende Dinosaurier starb wahrscheinlich auf dem Grund eines Flusses, während er einen Fisch in den Krallen hielt. Er wurde so schnell unter Schlamm begraben, dass seine Federn erhalten blieben. Ihre Form drückte sich im Schlamm ab, bevor sie sich zersetzten. Als die Forscher diese Entdeckung machten, stellten sie fest, dass Federn nicht immer zum Fliegen eingesetzt wurden. Bei manchen Theropoden wärmten sie den Körper.

ZEIT	Vor 130–125 Mio. Jahren (Kreide)
GRÖSSE	1 m lang
FUNDORT	China
TIERGRUPPE	Dinosaurier

Sinornithosaurus bedeutet „chinesische Vogelechse“. Aber dieses Tier war kein Vogel und konnte nicht fliegen.

Spurenfossilien

Tiere hinterlassen unterschiedliche Spuren. Wenn eine solche Spur versteinert und uns Hinweise auf das Leben urzeitlicher Tiere gibt, bezeichnet man sie als Spurenfossil. Als Spurenfossilien können zum Beispiel versteinerte Fußspuren, Bissspuren, Kot und Eier erhalten sein.

Ichthyosaurier-Koprolith

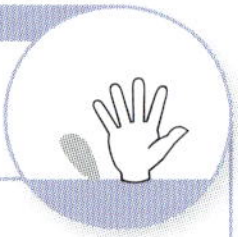

Koprolithen sind der versteinerte Kot urzeitlicher Tiere. Wissenschaftler untersuchen solche Fossilien, um etwas über die Nahrung der Tiere herauszufinden. Das ist der Koprolith eines Ichthyosauriers, der im Meer lebte (S. 124–125). Er enthält Knochenstücke und Schalen seiner Mahlzeit. Deshalb weiß man, welche Tiere zur Beute dieser Saurier gehörten.

ZEIT Vor 190 Mio. Jahren (früher Jura)

GRÖSSE 8 cm lang

FUNDORT England

TIERGRUPPE Ichthyosaurier

Apatosaurus-Ei

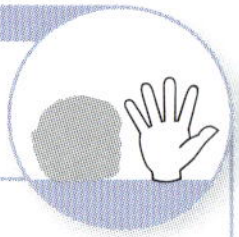

Dies ist das versteinerte Ei des Sauropoden *Apatosaurus* (S. 60–61). Sauropodeneier hatten dicke Schalen. Das Ei wirkt klein im Verhältnis zum riesigen Tier. Wäre es aber größer gewesen, hätte die Schale so dick sein müssen, dass das Junge sie beim Schlüpfen nicht hätte aufbrechen können.

ZEIT Vor 154–150 Mio. Jahren (später Jura)

GRÖSSE 13 cm Durchmesser

FUNDORT USA

TIERGRUPPE Dinosaurier

Oviraptor-Ei und Embryoknochen

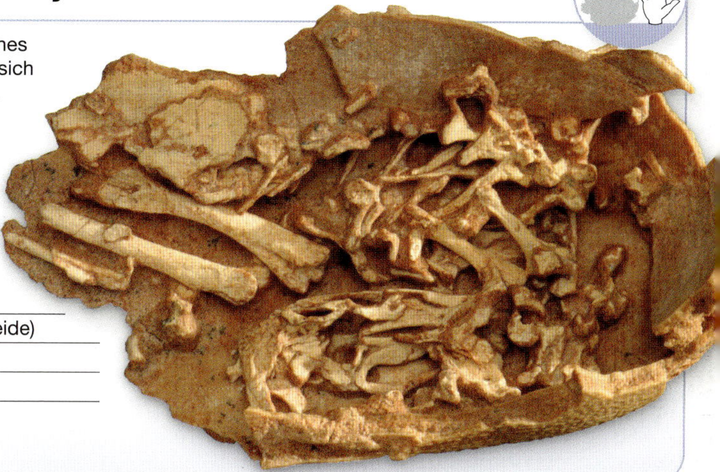

Die versteinerten Knochen eines *Oviraptor*-Embryos befinden sich in den Resten der Eierschale. Man hat die Fossilien eines ganzen Nests in der Wüste Gobi gefunden. Wenn Forscher die zarten Knochen eines Embryos freilegen, können sie herausfinden, welcher Dinosaurier das Ei gelegt hat.

ZEIT Vor 75 Mio. Jahren (Kreide)

GRÖSSE 18 cm lang

FUNDORT Mongolei

TIERGRUPPE Dinosaurier

Iguanodon-Fußspur

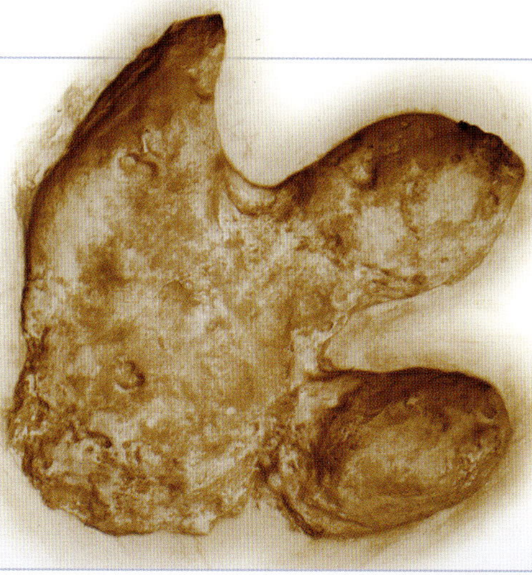

Ein junger Iguanodon hinterließ diese Spur in der frühen Kreide. Manche Dinosaurier haben ihre Fußspuren in Schlamm zurückgelassen, der später versteinert ist. An der Form, der Größe und den Abständen zwischen zwei Abdrücken können Wissenschaftler herausfinden, von welchem Dinosaurier die Fährte stammt, wie groß er war und wie schnell er lief. Wissenschaftler ermittelten, dass diese Spur von einem Iguanodon stammt, der ungefähr 0,5 t wog.

ZEIT Vor 135–125 Mio. Jahren (frühe Kreide)

GRÖSSE 29 cm lang

FUNDORT England

TIERGRUPPE Dinosaurier

Rekonstruktionen

Bevor Experten einen Dinosaurier rekonstruieren, müssen sie gründlich forschen. Nachdem die Fossilien freigelegt worden sind, vergleicht man sie mit den Skeletten moderner Reptilien. Die Wissenschaftler versuchen herauszufinden, wie die Knochen des Skeletts miteinander und mit den Muskeln verbunden waren.

Der Aufbau des Skeletts

Wenn Experten ein Dinosaurierskelett aufbauen, müssen sie wissen, wie die Knochen miteinander verbunden waren und wie die Körperhaltung des Tiers war. Manchmal wird die Haltung verändert, nachdem man etwas Neues herausgefunden hat. Früher glaubte man beispielsweise, dass Sauropoden ihren Schwanz am Boden hinter sich her schleiften. Heute wissen wir, dass sie sie waagerecht erhoben hielten.

Ein Dino erwacht zum Leben

Im Computer kann man dreidimensionale Modelle erstellen, die sich bewegen. So ist auch das Bild von *Corythosaurus* (S. 93) entstanden.

1. Wissenschaftler und Programmierer untersuchen die Dinosaurierknochen und erstellen ein Computermodell aus geometrischen Formen. Man nennt es Drahtgittermodell.

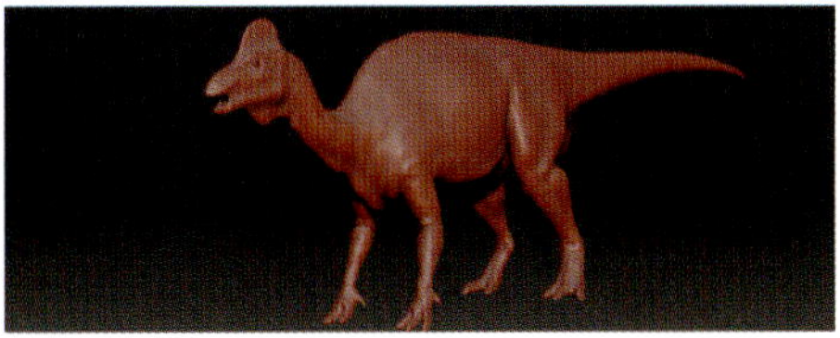

2. Ein Programm unterteilt die geometrischen Formen in Millionen kleinerer Einheiten. Ein Künstler kann dann jede Einheit formen und den Dinosaurierkörper genauer gestalten.

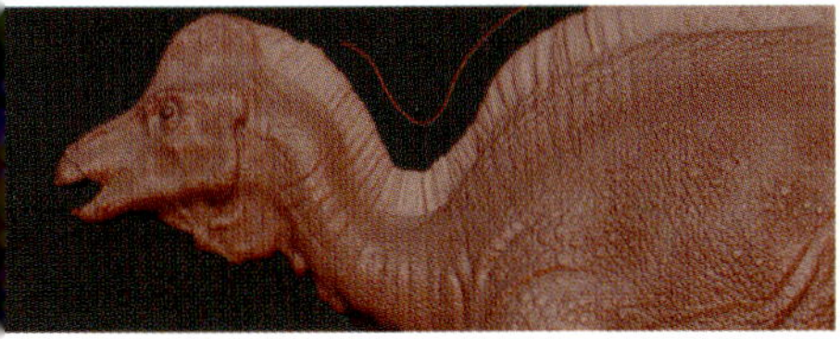

3. Neue wissenschaftliche Erkenntnisse, wie z. B. die Größe und Form des Kamms, werden beachtet. Das Modell soll so lebensecht wie möglich werden.

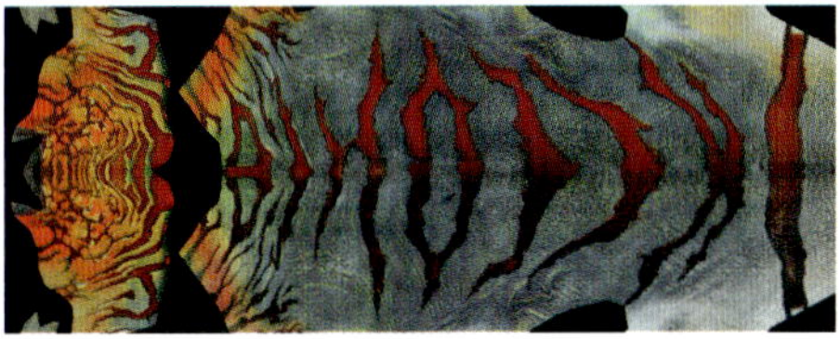

4. Wenn man dem Dinosaurier Farben verleiht, braucht man Kreativität und Fachwissen. In versteinerter Dinosaurierhaut sind manchmal Farbpigmente enthalten. Experten können so herausfinden, wie das Tier gefärbt war.

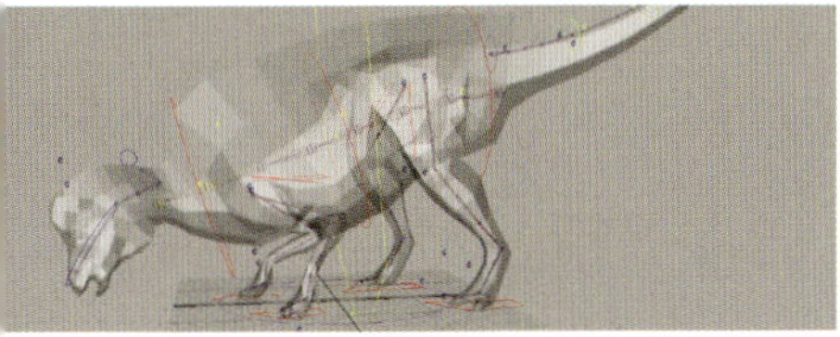

5. Ein Programmierer mit Anatomiekenntnissen programmiert, wie sich die verschiedenen Teile des Körpers wahrscheinlich bewegt haben.

6. Wissenschaftler sagen dem Künstler, in welcher Umgebung die Dinosaurier gelebt haben. Nun kann er einen realistischen Hintergrund für die Tiere schaffen.

Dinosaurier

Dinosaurier waren über 160 Millionen Jahre lang die vorherrschenden Tiere auf dem Festland. Es gab Arten, die nicht größer waren als Tauben, und Riesen so groß wie Lastwagen. Als Wissenschaftler die Überreste dieser urzeitlichen Reptilien untersuchten, fanden sie Hinweise auf ihre ursprünglichen Farben. Viele Dinosaurier hatten Streifen oder bunte Federn. Wahrscheinlich war bei vielen Arten auch die Haut oder der Kamm auf dem Kopf bunt gefärbt, sodass sie auffälliger oder gefährlicher wirkten.

WÄLDER IM JURA
Im Jura bedeckte dichter, üppiger Wald das Festland. Bäume und Farne boten den Dinosauriern Schutz und Nahrung.

Die ersten Dinosaurier

Die Dinosaurier entwickelten sich in der Trias. Die ersten Dinos waren flinke Tiere, die auf den Hinterbeinen liefen und scharfe Zähne und Krallen hatten. Viele dieser Tiere waren Allesfresser. Im Lauf der Evolution entwickelten sich später spezialisierte Pflanzen- und Fleischfresser.

Herrerasaurus

Der schlanke, bewegliche Hals war typisch für einen frühen Dinosaurier.

Herrerasaurus ist einer der ersten Dinosaurier. In seiner Zeit beherrschten andere Reptilien das Festland. Mit seinen kurzen Oberschenkeln und den langen Füßen war *Herrerasaurus* ein schneller Läufer wie die meisten frühen Dinosaurier. Wahrscheinlich konnte er seine Beute mühelos einholen.

ZEIT Vor 231 Mio. Jahren (späte Trias)

GRÖSSE 3–6 m lang

FUNDORT Argentinien

LEBENSRAUM Wälder

NAHRUNG Tiere

Eoraptor

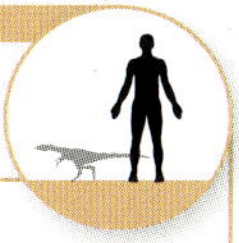

Dieser frühe Echsenbeckensaurier war so groß wie ein Fuchs. Der Jäger hatte gesägte Zähne und seine Augen wiesen zu den Seiten.

ZEIT Vor 231 Mio. Jahren (späte Trias)

GRÖSSE 1 m lang

FUNDORT Argentinien

LEBENSRAUM Wälder

NAHRUNG Kleine Reptilien, Pflanzen

Eocursor

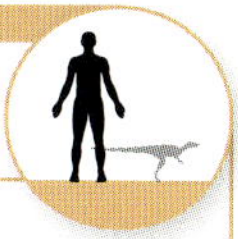

Eocursor war ein früher Vogelbeckensaurier. Der Allesfresser lief flink auf seinen Hinterbeinen. An den Händen trug er scharfe Krallen, mit denen er wohl kleine Tiere fing.

ZEIT Vor 210 Mio. Jahren (späte Trias)

GRÖSSE 1 m lang

FUNDORT Südafrika

LEBENSRAUM Feuchte Wälder

NAHRUNG Pflanzen, kleine Säugetiere, Reptilien

Gojirasaurus

Dieser Fleischfresser ist nach dem Filmmonster Godzilla benannt, das in Japan Gojira heißt. Er streifte in Nordamerika durch die damals trockenen Landschaften und war einer der gefährlichsten Räuber.

ZEIT Vor 210 Mio. Jahren (späte Trias)

GRÖSSE 5–7 m lang

FUNDORT USA

LEBENSRAUM Buschland

NAHRUNG Tiere

Theropoden

Zur vielfältigen Gruppe der Theropoden gehörten alle Raubsaurier, einige Allesfresser und vielleicht auch Pflanzenfresser. Manche der räuberischen Theropoden waren klein und vogelähnlich, andere wurden riesig. Sie töteten ihre Beute mit klingenförmigen Zähnen und scharfen Krallen.

IM DETAIL: **KIEFER**

Die Kiefer der Theropoden waren auf unterschiedliche Weise an das Fangen und Töten angepasst.

▲ *Baryonyx* hatte einen schmalen Kiefer mit spitzen Zähnen und packte Fische.

▲ *Deinonychus* konnte mit seinem schmalen Kiefer Fleischstücke abbeißen.

▲ *Tyrannosaurus rex* hatte einen breiten Kiefer, mit dem er Fleischbrocken aus seiner Beute riss.

Coelophysis

Dieser leichtgewichtige Jäger hatte über 100 kleine, gekrümmte Zähne und einen schmalen Kiefer. Den Kopf auf seinem langen Hals ließ er vorschnellen, wenn er Beutetiere packte.

ZEIT	Vor 208–200 Mio. Jahren (Trias)
GRÖSSE	2,8 m lang
FUNDORT	USA
LEBENSRAUM	Wüstenregionen
NAHRUNG	Echsen und Fische

Ceratosaurus

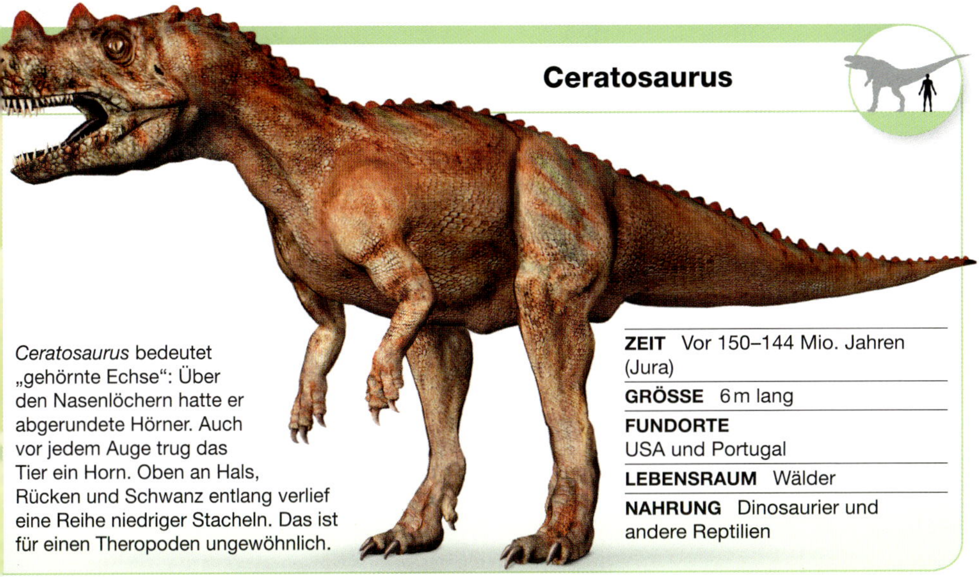

Ceratosaurus bedeutet „gehörnte Echse“: Über den Nasenlöchern hatte er abgerundete Hörner. Auch vor jedem Auge trug das Tier ein Horn. Oben an Hals, Rücken und Schwanz entlang verlief eine Reihe niedriger Stacheln. Das ist für einen Theropoden ungewöhnlich.

ZEIT Vor 150–144 Mio. Jahren (Jura)

GRÖSSE 6 m lang

FUNDORTE USA und Portugal

LEBENSRAUM Wälder

NAHRUNG Dinosaurier und andere Reptilien

Liliensternus

In seiner Zeit war *Liliensternus* der größte Räuber auf dem Festland. Mit seinen langen Hinterbeinen hetzte er flink die Beute. Dieser Theropode schlich sich wahrscheinlich an seine Opfer heran, bevor er sie angriff.

ZEIT Vor 210 Mio. Jahren (späte Trias)

GRÖSSE 5–6 m lang

FUNDORT Deutschland

LEBENSRAUM Wälder

NAHRUNG Dinosaurier

Dilophosaurus

Diesen Dinosaurier erkennt man an den beiden plattenförmigen Kämmen auf der Schnauze. Wissenschaftler glauben, dass er sie bei der Balz einsetzte.

ZEIT
Vor 201–189 Mio. Jahren (früher Jura)

GRÖSSE 6 m lang

FUNDORT USA

LEBENSRAUM Flussufer

NAHRUNG Kleine Tiere und Fische

Monolophosaurus

Monolophosaurus hatte einen riesigen, merkwürdigen Schädel mit einem großen, hohlen Kamm. Vielleicht konnte er mit ihm laute Rufe hervorbringen.

ZEIT
Vor 180–159 Mio. Jahren (Jura)

GRÖSSE 6 m lang

FUNDORT China

LEBENSRAUM Wälder

NAHRUNG Dinosaurier

Cryolophosaurus

Der größte Theropode, den wir aus dem frühen Jura kennen, hatte schlanke Arme und lange Beine. Er war der erste Theropode, der in der Antarktis entdeckt wurde. Der Kamm auf seinem Kopf war ungewöhnlich: Er war nach vorn gekrümmt.

ZEIT	Vor 190–185 Mio. Jahren (Jura)
GRÖSSE	6,5 m lang
FUNDORT	Antarktis
LEBENSRAUM	Offene Ebenen
NAHRUNG	Dinosaurier

Dieses Tier trägt den Spitznamen *Elvisaurus*, denn der Kamm erinnert an die Frisur von Elvis Presley.

Baryonyx

Baryonyx fraß Fische und hatte eine ungewöhnliche gekrümmte Kralle an seinem Daumen oder Zeigefinger. Mit ihr konnte er seine Beute aus dem Wasser fischen, ähnlich wie es Grizzlybären heute tun.

ZEIT Vor 125 Mio. Jahren (Kreide)

GRÖSSE 9 m lang

FUNDORTE Britische Inseln, Spanien, Portugal

LEBENSRAUM Flussufer

NAHRUNG Fische und Dinosaurier

Suchomimus

Dieser Verwandte von *Baryonyx* war ein Räuber mit einer langen Krokodilschnauze. Im schmalen Kiefer saßen über 100 gekrümmte Zähne. *Suchomimus* hielt seine Beute mit den Zähnen und den langen Armen fest.

ZEIT Vor 112 Mio. Jahren (frühe Kreide)

GRÖSSE 9 m lang

FUNDORT Afrika

LEBENSRAUM Mangrovensümpfe

NAHRUNG Fische, vielleicht andere Tiere

Spinosaurus

Spinosaurus ist einer der längsten Theropoden, die wir kennen. Entlang seines Rückens verlief ein Segel, das von Knochenfortsätzen gestützt wurde. Daher kommt sein Name, der „stachlige Echse“ bedeutet. Wissenschaftler glauben, dass dieser Räuber mit dem Segel seine Körpertemperatur regulieren konnte.

ZEIT Vor 97 Mio. Jahren (späte Kreide)

GRÖSSE 18 m lang

FUNDORTE Marokko, Libyen und Ägypten

LEBENSRAUM Tropische Sümpfe

NAHRUNG Fische und Dinosaurier

Das Segel wurde von 2 m langen Knochen gespannt und muss beeindruckend ausgesehen haben.

Allosaurus

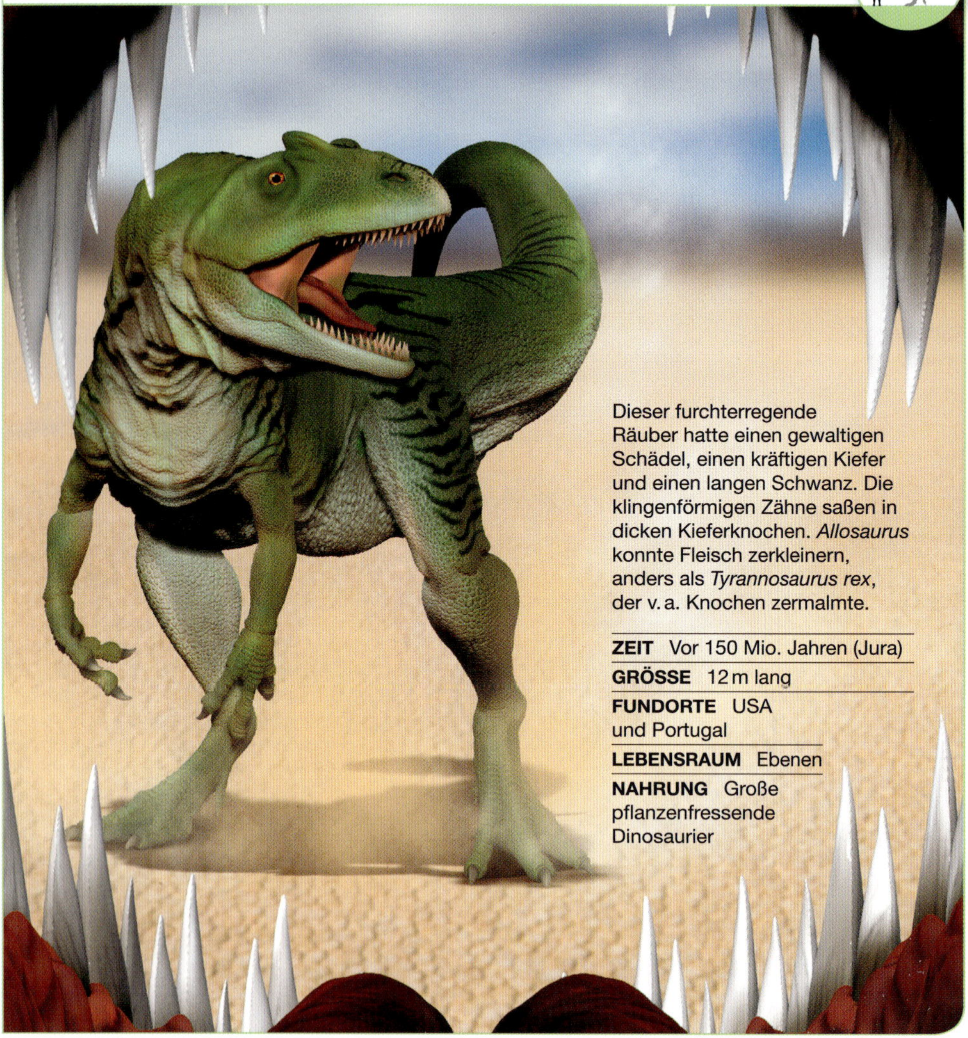

Dieser furchterregende Räuber hatte einen gewaltigen Schädel, einen kräftigen Kiefer und einen langen Schwanz. Die klingenförmigen Zähne saßen in dicken Kieferknochen. *Allosaurus* konnte Fleisch zerkleinern, anders als *Tyrannosaurus rex*, der v. a. Knochen zermalmte.

ZEIT Vor 150 Mio. Jahren (Jura)

GRÖSSE 12 m lang

FUNDORTE USA und Portugal

LEBENSRAUM Ebenen

NAHRUNG Große pflanzenfressende Dinosaurier

Carcharodontosaurus

Dieser riesige Theropode war doppelt so schwer wie ein Elefant. Er tötete seine Beute mit den gesägten Zähnen in seinem gewaltigen Kiefer. Als man ihn entdeckte, erinnerten die Zähne die Forscher an die des Weißen Hais, lat.: *Carcharodon*. Daher kommt der Name *Carcharodontosaurus*.

ZEIT Vor 100 Mio. Jahren (frühe Kreide)

GRÖSSE 14 m lang

FUNDORTE Marokko, Tunesien und Ägypten

LEBENSRAUM Küsten und Mangrovensümpfe

NAHRUNG Große pflanzenfressende Dinosaurier

Giganotosaurus

Giganotosaurus war ähnlich groß wie *Tyrannosaurus rex* und so schwer wie 125 Menschen. Trotz seiner Größe konnte er seine Beute mit 50 km/h hetzen.

ZEIT Vor 112–90 Mio. Jahren (frühe Kreide)

GRÖSSE 13 m lang

FUNDORT Argentinien

LEBENSRAUM Warme Sümpfe

NAHRUNG Große Dinosaurier

Sinraptor

Dieser Verwandte von *Allosaurus* war ein guter Jäger. Wahrscheinlich kämpfte er auch mit Artgenossen. Bissspuren an versteinerten Schädelknochen deuten darauf hin.

ZEIT Vor 169–142 Mio. Jahren (mittlerer Jura)

GRÖSSE 7,5 m lang

FUNDORT China

LEBENSRAUM Wälder

NAHRUNG Große pflanzenfressende Dinosaurier

Die Zähne von *Tarbosaurus* waren **messerscharf.** Deshalb gehörte er zu den fürchterlichsten Räubern in den weiten Ebenen Chinas.

TARBOSAURUS
Tarbosaurus war ein naher Verwandter von *Tyrannosaurus rex.* Beide gehörten zur Familie der Tyrannosauriden. *Tarbosaurus* erbeutete kleinere Dinosaurier wie *Barsboldia*, einen Hadrosaurier.

Albertosaurus

Dieser leichtgewichtige Räuber hatte schlanke Hinterbeine und winzige Arme. Vielleicht war er ein flinker Läufer. Einige Forscher glauben, dass die Tiere in Rudeln jagten.

ZEIT Vor 75 Mio. Jahren (späte Kreide)

GRÖSSE 9 m lang

FUNDORT Kanada

LEBENSRAUM Wälder

NAHRUNG Dinosaurier

Compsognathus

Dieser hühnergroße Räuber, der auf den Zehenspitzen lief, konnte schnelle Tiere jagen. Mit seinem langen Schwanz hielt er das Gleichgewicht und wendete geschickt.

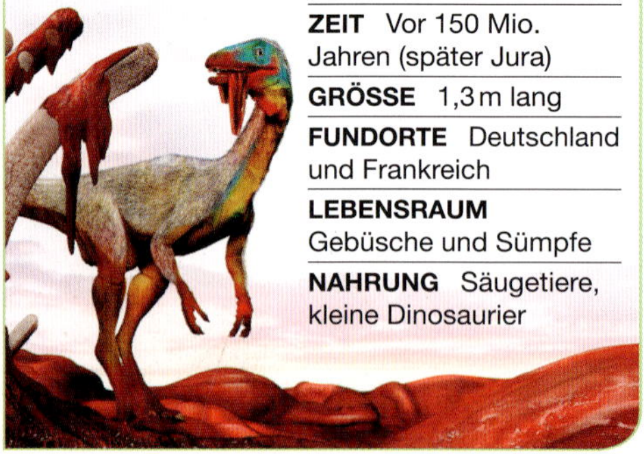

ZEIT Vor 150 Mio. Jahren (später Jura)

GRÖSSE 1,3 m lang

FUNDORTE Deutschland und Frankreich

LEBENSRAUM Gebüsche und Sümpfe

NAHRUNG Säugetiere, kleine Dinosaurier

Tyrannosaurus rex

Tyrannosaurus rex war so lang wie ein Bus und doppelt so schwer wie ein Elefant. Er hatte spitze Zähne, mit denen er Haut und Muskeln durchtrennen und sogar Knochen knacken konnte. Auf seinen dreizehigen Füßen lief das schwere Tier ganz schön schnell. Die Arme waren winzig und die beiden Finger trugen Krallen. Wahrscheinlich hielt der Räuber seine Beute mit ihnen fest, während er fraß.

ZEIT Vor 70–65 Mio. Jahren (späte Kreide)

GRÖSSE 12 m lang

FUNDORT Nordamerika

LEBENSRAUM Wälder und Sümpfe

NAHRUNG Große Dinosaurier

Tyrannosaurus rex spielt zwar im Film *Jurassic Park*, also „Jurapark“ eine Rolle, lebte aber tatsächlich in der Kreidezeit.

Guanlong

Guanlong bedeutet „gekrönter Drache“. Der Name verweist auf die auffällige Haube auf dem Kopf des Theropoden. Er war ein naher Verwandter der ersten gefiederten Dinosaurier und trug ein Fell aus flauschigen Federn.

ZEIT Vor 160 Mio. Jahren (später Jura)

GRÖSSE 2,5 m lang

FUNDORT China

LEBENSRAUM Wälder

NAHRUNG Dinosaurier und andere Tiere

Proceratosaurus

Von diesem Dinosaurier kennt man nur diesen Schädel mit einem Kamm, den man 1910 gefunden hat. Vermutlich war er klein und nah mit *Guanlong* verwandt.

ZEIT Vor 175 Mio. Jahren (mittlerer Jura)

GRÖSSE 2 m lang

FUNDORT Britische Inseln

LEBENSRAUM Wälder

NAHRUNG Dinosaurier und andere Tiere

Gallimimus

Gallimimus bedeutet „Huhnnachahmer“, aber dieser Dinosaurier war größer und viel schwerer als ein Huhn: Er war dreimal so groß wie ein Mensch und wog etwa 450 kg.

ZEIT Vor 75–65 Mio. Jahren (späte Kreide)

GRÖSSE 6 m lang

FUNDORT Kanada

LEBENSRAUM Wüstenebenen

NAHRUNG Blätter, Samen, kleine Tiere

Ornithomimus

Ornithomimus gehört zur Familie der Ornithomimiden oder Vogelnachahmer. Dieser Theropode war ein schneller Läufer mit einem langen steifen Schwanz. Beim Sprinten konnte er scharf wenden. Im Vergleich zu anderen Dinosauriern hatte er ein recht großes Gehirn, aber er war nicht so intelligent wie ein Strauß.

Ornitholestes

Der kleine und leichtgewichtige *Ornitholestes* war ein flinker Jäger. Er hatte lange Vorderzähne mit flachen Spitzen. Mit ihnen packte er seine Beute.

ZEIT Vor 156–145 Mio. Jahren (später Jura)

GRÖSSE 2 m lang

FUNDORT USA

LEBENSRAUM Wälder

NAHRUNG Kleine Tiere wie Insekten, Eidechsen und Frösche

Mit seinen langen, kräftigen Fingern konnte er Pflanzen und Beutetiere packen.

ZEIT Vor 75–65 Mio. Jahren (späte Kreide)

GRÖSSE 3 m lang

FUNDORTE USA und Kanada

LEBENSRAUM Sümpfe und Wälder

NAHRUNG Pflanzen, Samen und kleine Tiere

Caudipteryx

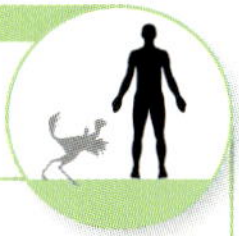

Obwohl sein Körper mit Federn bedeckt war, konnte *Caudipteryx* nicht fliegen. Experten glauben, dass die Federn den Körper wärmten. Vielleicht balzte *Caudipteryx* auch mit ihnen.

ZEIT Vor 130–120 Mio. Jahren (Kreide)

GRÖSSE 1 m lang

FUNDORT China

LEBENSRAUM See- und Flussufer

NAHRUNG Pflanzen, Samen und kleine Tiere

Citipati

Citipati hatte einen typischen Kamm aus Keratin (Horn) auf dem Kopf. Dieser Theropode fraß außer Pflanzen wohl auch Eier und junge Dinosaurier. Er zerteilte sie mit seinem Schnabel, ähnlich wie heute lebende Adler.

ZEIT Vor 75 Mio. Jahren (späte Kreide)

GRÖSSE 3 m lang

FUNDORT Mongolei

LEBENSRAUM Ebenen

NAHRUNG Pflanzen und Tiere

Kein Dinosaurier hatte im Verhältnis zum restlichen Körper ein so großes Gehirn wie *Troodon*.

Microraptor

Microraptor war einer der kleinsten Dinosaurier. Er hatte lange Federn an Armen und Beinen. Die Flügel von *Microraptor* waren aber nicht groß genug, um sein Gewicht tragen zu können. Er konnte nur von Ast zu Ast gleiten. Wahrscheinlich suchte er auf diese Weise Nahrung und floh vor Feinden.

ZEIT	Vor 130–125 Mio. Jahren (frühe Kreide)
GRÖSSE	1 m lang
FUNDORT	China
LEBENSRAUM	Wälder
NAHRUNG	Kleine Säugetiere, Echsen, Insekten

Troodon

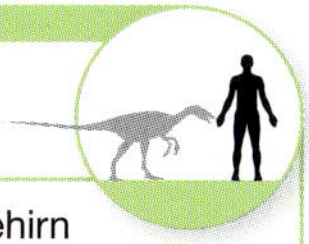

Mit seinem ungewöhnlich großen Gehirn und den nach vorn weisenden Augen war *Troodon* ein guter Jäger. Weil sich die Blickfelder seiner Augen überschnitten, konnte er die Entfernung zu seiner Beute genau einschätzen, bevor er angriff. Dieser Räuber hatte kräftige, schlanke Beine und konnte die meisten kleinen Tiere einholen.

ZEIT Vor 74–65 Mio. Jahren (späte Kreide)

GRÖSSE 3 m lang

FUNDORT Nordamerika

LEBENSRAUM Wälder

NAHRUNG Kleine Tiere, vielleicht Pflanzen

Velociraptor

Dieser Theropode war ungefähr so groß wie ein Wolf. Mit seinen langen Armen und den Krallen an den Fingern überwältigte er seine Beute. Er ist einer der bekanntesten Dinosaurier und kommt im Film *Jurassic Park* vor.

ZEIT Vor 85 Mio. Jahren (Kreide)

GRÖSSE 2 m lang

FUNDORT Mongolei

LEBENSRAUM Buschland, Wüsten

NAHRUNG Echsen, Säugetiere, kleine Dinosaurier

Deinonychus

Deinonychus hatte eine riesige Kralle am Fuß. Einige Experten glauben, dass er seiner Beute damit die Kehle oder den Bauch aufschlitzte.

ZEIT Vor 115–108 Mio. Jahren (Kreide)

GRÖSSE 3 m lang

FUNDORT USA

LEBENSRAUM Sümpfe und Wälder

NAHRUNG Kleine Dinosaurier

Viele versteinerte Skelette von *Citipati* fand man über Nestern mit Eiern. Offenbar brüteten die Tiere ihre Eier aus, genau wie Vögel.

CITIPATI

Citipati gehörte zu einer Theropodenfamilie, den Oviraptorosauriern. Diese Tiere hatten Schnäbel wie Papageien und ihre Körper waren mit Federn bedeckt. Auch *Caudipteryx* und *Oviraptor* waren Mitglieder dieser Familie.

Frühe Vögel

Die Vögel entwickelten sich aus kleinen, gefiederten Dinosauriern mit Zähnen und einem langen Schwanz. Im Lauf der Zeit wurde der Schwanz kürzer, die Flugmuskulatur kräftiger und das Skelett leichter.

IM DETAIL:
MERKMALE
Frühe Vögel hatten viele Merkmale, die ihren Nachfahren fehlen.

Archaeopteryx

Archaeopteryx konnte fliegen, aber nicht sehr kraftvoll mit den Flügeln schlagen. Seine Flugmuskeln waren schwach und er hatte einen langen schweren Schwanz. Lange Zeit galt er als der erste Vogel. Heute glauben einige Forscher, dass ein Theropode namens *Xiaotingia* näher mit den frühen Vögeln verwandt war.

ZEIT	Vor 150 Mio. Jahren (Jura)
GRÖSSE	30 cm lang
FUNDORT	Deutschland
LEBENSRAUM	Wälder und Seen
NAHRUNG	Insekten und Reptilien

▲ An den Fingern trugen die frühen Vögel Krallen, mit denen sie klettern konnten.

▲ Der Schwanz war lang, wie bei anderen Reptilien. Bei modernen Vögeln ist der Schwanz zurückgebildet.

▲ Frühe Vögel hatten typische Theropodenzähne. Die heutigen Vögel haben einen zahnlosen Schnabel.

Ichthyornis

Wie die modernen Vögel hatte dieser möwengroße Seevogel ein großes Brustbein, an dem seine Flugmuskeln ansetzten. Sein Brustkorb ähnelte dem Brustkorb heute lebender Vögel. Ansonsten war *Ichthyornis* noch sehr urtümlich und hatte kleine scharfe Zähne.

ZEIT Vor 90–75 Mio. Jahren (späte Kreide)

GRÖSSE 60 cm lang

FUNDORT USA

LEBENSRAUM Meeresküsten

NAHRUNG Fische

Vegavis

Vegavis war ein entfernter Verwandter unserer Enten und Gänse. Seit seiner Entdeckung weiß man, dass sich einige heute lebende Vogelfamilien bereits in der Kreide entwickelt haben.

ZEIT Vor 65 Mio. Jahren (Kreide)

GRÖSSE 60 cm lang

FUNDORT Antarktis

LEBENSRAUM Meeresküsten

NAHRUNG Wasserpflanzen

Prosauropoden

Diese frühen Verwandten der Sauropoden waren Pflanzenfresser. Sie hatten sich aus kleinen fleischfressenden Dinosauriern der Trias entwickelt. Im Lauf der Zeit wurden sie größer und schwerer. Mit ihrem langen Hals und den kräftigen Hinterbeinen gelangten sie hoch in die Baumkronen.

IM DETAIL:
MERKMALE
Alle Prosauropoden hatten bestimmte Merkmale:

▲ Prosauropoden besaßen eine große Daumenkralle, mit der sie Pflanzenteile packten.

▲ Sie hatten alle eine hohe Schnauze und einen langen schlanken Kiefer.

▲ Mit den blattförmigen Zähnen konnten sie dicke Stängel abbeißen.

Efraasia

Efraasia hatte einen langen Hals. Er besaß fünf Finger und eine große Daumenkralle. Vielleicht lief er auf allen vieren, wenn er Blätter fraß, aber wahrscheinlich rannte er auf den Hinterbeinen.

ZEIT Vor 210 Mio. Jahren (späte Trias)

GRÖSSE 6–7 m lang

FUNDORT Deutschland

LEBENSRAUM Ebenen

NAHRUNG Pflanzen, vielleicht Tiere

Thecodontosaurus

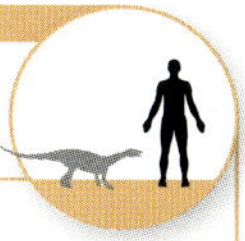

Die blattförmigen, gesägten Zähne dieses Prosauropoden ähnelten denen eines heutigen Warans, aber sie hatten getrennte Wurzeln. Der Name *Thecodontosaurus* bedeutet „Wurzelzahnechse“.

ZEIT Vor 225–208 Mio. Jahren (Trias)

GRÖSSE 2 m lang

FUNDORT Britische Inseln

LEBENSRAUM Inselwälder

NAHRUNG Pflanzen, vielleicht Tiere

Anchisaurus

Dieser frühe Verwandte der Sauropoden hatte einen flachen Schädel. Seine Schnauze war schmal und die Zähne im Oberkiefer waren spitz. *Anchisaurus* ernährte sich wahrscheinlich von kleinen Reptilien und auch Blättern.

ZEIT Vor 190 Mio. Jahren (früher Jura)

GRÖSSE 2 m lang

FUNDORT USA

LEBENSRAUM Wälder

NAHRUNG Blätter und kleine Reptilien

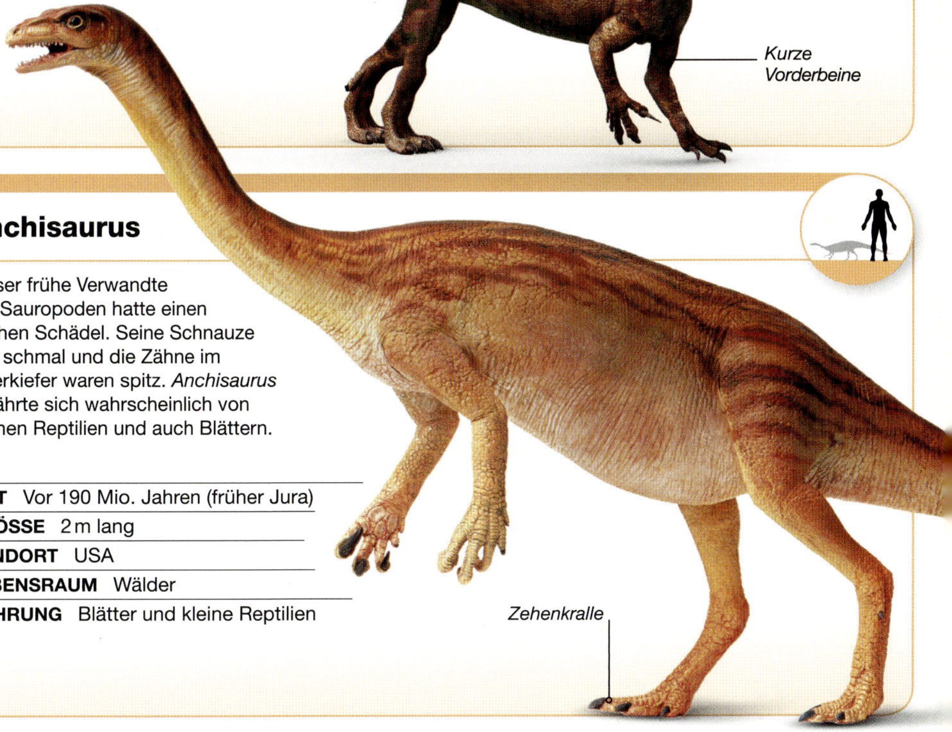

Plateosaurus

Plateosaurus, einer der bekanntesten Prosauropoden, konnte wahrscheinlich aufrecht stehen. Er richtete sich auf seinen Hinterbeinen auf und pflückte mit den Armen Blätter von Bäumen. Mit seinen scharfen Zähnen konnte er die Blattstiele durchtrennen.

ZEIT Vor 220–210 Mio. Jahren (späte Trias)

GRÖSSE 8 m lang

FUNDORTE Deutschland, Norwegen, Griechenland

LEBENSRAUM Ebenen

NAHRUNG Pflanzen

Lufengosaurus

Dieser Prosauropode hatte an jedem Daumen eine gewaltige Kralle. Wahrscheinlich packte er damit Äste. Die klingenförmigen Zähne hatten große Abstände und dienten wohl zum Abpflücken der Blätter.

ZEIT Vor 200–180 Mio. Jahren (früher Jura)

GRÖSSE 5 m lang

FUNDORT China

LEBENSRAUM Wälder

NAHRUNG Pflanzenteile, auch von Nadelbäumen und Palmfarnen

Massospondylus

An den Fossilien von *Massospondylus* erkennt man, dass er einen untersetzten Körper und einen langen Schwanz hatte. Mit den fünf Fingern und der gewaltigen Daumenkralle pflückte er wahrscheinlich Zweige ab. Vielleicht kaute er mit seinen kleinen Zähnen auch Fleisch.

ZEIT Vor 200–183 Mio. Jahren (früher Jura)

GRÖSSE 4–6 m lang

FUNDORT Südafrika

LEBENSRAUM Wälder

NAHRUNG Pflanzen und Tiere

Sauropoden

Die größten Tiere, die je auf dem Festland gelebt haben, hatten einen langen Hals und Schwanz und säulenartige Beine. Ihr Kopf war klein. Sie lebten in Herden und liefen auf allen vieren.

IM DETAIL:
FUSSSPUREN
Fußspuren von Sauropoden hat man auf der ganzen Erde gefunden.

Diplodocus

Diplodocus war einer der längsten Dinosaurier. Sein Schwanz war so lang wie der Rest seines Körpers. Einige Forscher glauben, dass er seinen Kopf hoch hinauf hob, um in den Baumkronen zu weiden. Andere denken, dass er seinen Hals und Kopf hin und her schwang, um Sträucher zu fressen.

ZEIT	Vor 150–145 Mio. Jahren (Jura)
GRÖSSE	30–33,5 m lang
FUNDORT	USA
LEBENSRAUM	Ebenen
NAHRUNG	Pflanzen

Diplodocus konnte mit seiner Schwanzspitze peitschen. Vielleicht vertrieb er auf diese Weise Fressfeinde.

◀ 1997 entdeckten Paläontologen an einem Strand bei Broome (Australien) riesige versteinerte Sauropodenspuren.

◀ An der Fundstätte Purgatoire River in Colorado (USA) wurden über 100 Dinosaurierspuren entdeckt. (Foto: Sauropodenfährten).

Apatosaurus

Dieser Pflanzenfresser ist auch unter dem Namen *Brontosaurus* bekannt. Er war wahrscheinlich kleiner als andere Sauropoden und hatte dickere Beine. Vielleicht stieß er bei der Nahrungssuche Bäume um, ähnlich wie es Elefanten heute tun.

ZEIT Vor 150 Mio. Jahren (Jura)

GRÖSSE 23 m lang

FUNDORT USA

LEBENSRAUM Wälder

NAHRUNG Pflanzen

Lange, kompliziert gebaute Wirbel stützen den Hals.

Ein vollständig ausgewachsener *Apatosaurus* konnte so schwer sein wie vier Elefanten.

Barosaurus

Der Verwandte des Sauropoden *Diplodocus* hatte einen sehr langen Hals. Einige seiner 15 Halswirbel waren länger als 1 m. Diese Sauropoden lebten in Herden. Auf der Nahrungssuche streiften sie durch die Wälder des Juras.

ZEIT Vor 155–145 Mio. Jahren (Jura)

GRÖSSE 28 m lang

FUNDORT USA

LEBENSRAUM Wälder und Ebenen

NAHRUNG Pflanzen

Vielleicht hatte *Barosaurus* Bakterien im Magen – wie heutige Kühe, die die Verdauung unterstützte.

Amargasaurus

Zwei Reihen mit Stacheln verliefen am Hals und Rücken von *Amargasaurus*. Sie endeten am Schwanz. Vielleicht spannten sie zwei Hautsegel auf, mit denen das Tier balzte.

ZEIT Vor 130 Mio. Jahren (Kreide)

GRÖSSE 11 m lang

FUNDORT Argentinien

LEBENSRAUM Wälder

NAHRUNG Pflanzen

Dicraeosaurus

Die Knochenstacheln am Hals und Rücken von *Dicraeosaurus* bildeten einen Grat. Er könnte ihn zur Balz oder Verteidigung oder vielleicht zur Regulierung seiner Körpertemperatur eingesetzt haben.

ZEIT Vor 150 Mio. Jahren (später Jura)

GRÖSSE 12 m lang

FUNDORT Tansania

LEBENSRAUM Wälder

NAHRUNG Pflanzen

Vulcanodon

Dieser Sauropode bekam seinen Namen, weil man die ersten Fossilien bei Vulkanen gefunden hat. Wie andere Sauropoden hatte er elefantenähnliche Beine, mit denen er nicht gut rennen konnte.

ZEIT Vor 208–201 Mio. Jahren (späte Trias)

GRÖSSE 7 m lang

FUNDORT Simbabwe

LEBENSRAUM Wälder und Ebenen

NAHRUNG Pflanzen

Barosaurus konnte in den Kronen 15 m hoher Bäume Blätter pflücken. Das ist so hoch wie ein Haus mit **vier Stockwerken**

BAROSAURUS

Dieser Verwandte des Sauropoden *Diplodocus* hatte einen sehr langen Hals. Er besaß 15 Halswirbel, von denen einige über 1 m lang waren. Diese Dinosaurier lebten in Herden zusammen. Auf der Suche nach Nahrung wanderten sie durch die Wälder des Juras.

Titanosaurus

Wissenschaftler glauben, dass dieser Dinosaurier Knochenplatten am Rücken hatte, ähnlich wie sein Verwandter Saltasaurus.

Von *Titanosaurus* kennt man nur versteinerte Reste von Beinknochen. Viele Experten glauben, dass er einen typischen stämmigen Sauropodenkörper und einen kleinen Kopf hatte. Andere vemuten, dass die Versteinerungen von anderen Dinosauriern stammen und *Titanosaurus* gar keine eigene Art ist.

ZEIT Vor 80–65 Mio. Jahren (späte Kreide)

GRÖSSE 12–18 m lang

FUNDORTE Asien, Europa und Afrika

LEBENSRAUM Wälder und Ebenen

NAHRUNG Pflanzen

Saltasaurus

Saltasaurus war kleiner als viele Sauropoden und hatte Knochenplatten am Rücken, die ihn vor den Angriffen von Raubsauriern schützten. Sein Hals war kürzer als der der meisten Sauropoden. Anders als diese hatte er keine Krallen an den vorderen Füßen.

ZEIT Vor 80–65 Mio. Jahren (Kreide)

GRÖSSE 12 m lang

FUNDORT Argentinien

LEBENSRAUM Wälder, offene Ebenen

NAHRUNG Pflanzen

Argentinosaurus

Argentinosaurus war eines der größten und schwersten Tiere, die es je auf der Erde gab. Er war länger als ein Tennisplatz und 20-mal so schwer wie ein Elefant.

ZEIT Vor 112–95 Mio. Jahren (frühe Kreide)

GRÖSSE 33–41 m lang

FUNDORT Argentinien

LEBENSRAUM Wälder und Ebenen

NAHRUNG Nadelbäume

Mamenchisaurus

Kein Tier hatte einen so langen Hals wie *Mamenchisaurus*. Mit seinen 19 langen Halswirbeln konnte er ihn gut bewegen und leicht an Nahrung gelangen. Sein Kopf war klein und spitz. Er ist nach einem Dorf in China benannt, wo man seine Fossilien gefunden hat.

ZEIT Vor 155–145 Mio. Jahren (später Jura)

GRÖSSE 26 m lang

FUNDORT China

LEBENSRAUM Flussufer, Wälder und offene Ebenen

NAHRUNG Blätter von Bäumen und andere Pflanzen

Brachiosaurus

Dieser Sauropode fraß in über 15 m Höhe Blätter in den Baumkronen. Er war doppelt so hoch wie eine Giraffe. *Brachiosaurus* hatte blattförmige Zähne, mit denen er jeden Tag 200 kg Blätter abrupfte.

ZEIT Vor 150–145 Mio. Jahren (später Jura)

GRÖSSE 23 m lang

FUNDORT USA

LEBENSRAUM Wälder und Ebenen

NAHRUNG Blätter und Zweige von Nadelbäumen

Brachiosaurus wog so viel wie zwölf Afrikanische Elefanten: 30–50 t!

Camarasaurus

Camarasaurus bedeutet „Kammerechse“. Der Dinosaurier ist nach den großen Luftkammern in seinen hohlen Knochen benannt, die mit seiner Lunge in Verbindung standen. Sie verminderten sein Körpergewicht.

ZEIT Vor 150–140 Mio. Jahren (Jura)

GRÖSSE 18 m lang

FUNDORT USA

LEBENSRAUM Offene Ebenen

NAHRUNG Blätter von Bäumen

Shunosaurus

Wissenschaftler haben mehrere vollständige Skelette von *Shunosaurus* gefunden. Er hatte 25–26 Zähne in jeder Hälfte seines Unterkiefers, mehr als alle anderen Sauropoden.

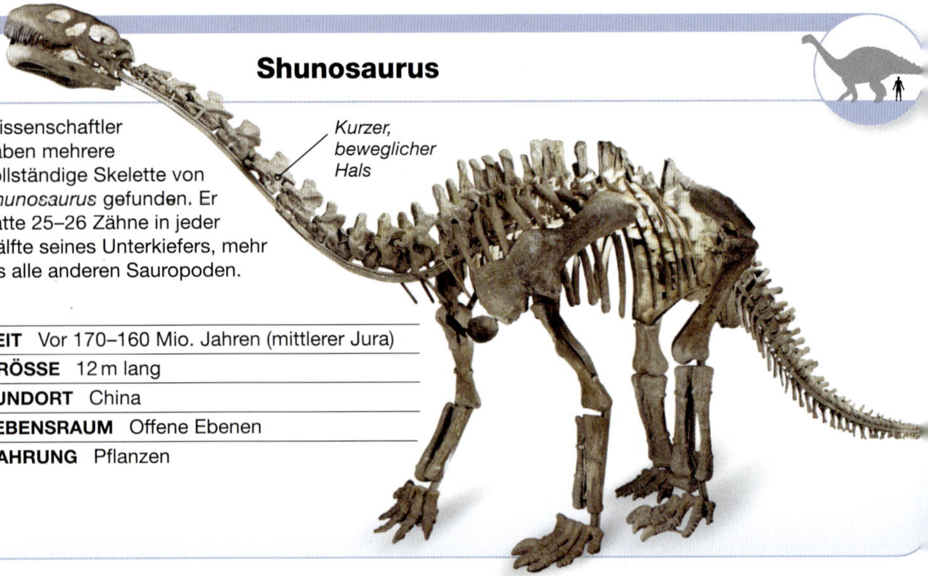

ZEIT Vor 170–160 Mio. Jahren (mittlerer Jura)

GRÖSSE 12 m lang

FUNDORT China

LEBENSRAUM Offene Ebenen

NAHRUNG Pflanzen

Nemegtosaurus

Von diesem Verwandten von *Saltasaurus* kennt man nur einen versteinerten Schädel, der um 1970 entdeckt wurde. *Nemegtosaurus* wurde nach dem Nemegt-Becken in der Wüste Gobi (Mongolei) benannt.

ZEIT	Vor 80–65 Mio. Jahren (späte Kreide)
GRÖSSE	15 m lang
FUNDORT	Mongolei
LEBENSRAUM	Wälder
NAHRUNG	Pflanzen

Stegosaurier und Verwandte

Viele Dinosaurier entwickelten Strukturen zum Schutz vor Raubsauriern. Die Stegosaurier hatten Reihen von Platten und Stacheln entlang des Rückens. In den Wäldern des Juras waren sie sicher ein spektakulärer Anblick.

IM DETAIL:
KNOCHEN

Die Platten und Stacheln am Körper von *Stegosaurus* hatten unterschiedliche Funktionen.

▲ Die Platten am Rücken setzte er womöglich bei der Balz ein. Vielleicht gaben sie auch Körperwärme ab, sodass er mit ihnen seine Temperatur regeln konnte.

▲ Mit den langen spitzen Stacheln am Schwanz verteidigte er sich gegen Fressfeinde, die ihn von der Seite angriffen.

Scutellosaurus

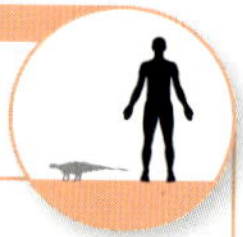

Dieser Verwandte der Stegosaurier war ein früher Vogelbeckensaurier. Das leichtgewichtige Wesen hatte Hunderte kleiner Knochenschilde in der Haut.

ZEIT	Vor 196 Mio. Jahren (früher Jura)
GRÖSSE	1 m lang
FUNDORT	USA
LEBENSRAUM	Wälder
NAHRUNG	Pflanzen

Stegosaurus

Dieses Tier war der größte Stegosaurier. Er trug eine doppelte Reihe flacher, rautenförmiger Platten am Rücken. Die Platten waren wahrscheinlich mit Keratin bedeckt, dem Stoff, aus dem Hörner und Fingernägel bestehen. Die Vorderbeine von *Stegosaurus* waren kürzer als die Hinterbeine, sodass die Hüfte höher stand als die Schultern. Durch die Rückenplatten wirkte das Tier noch größer.

ZEIT	Vor 150–145 Mio. Jahren (später Jura)
GRÖSSE	9 m
FUNDORTE	USA und Portugal
LEBENSRAUM	Wälder
NAHRUNG	Pflanzen

Der Name *Stegosaurus* bedeutet „Dachechse“, denn sein Entdecker fand, dass die Platten am Rücken wie Dachschindeln aussehen.

Die Zähne von Angreifern blieben in den

Knochenplatten und Stacheln

am Hals und Rücken von *Scelidosaurus* stecken.

SCELIDOSAURUS

Scelidosaurus lebte im frühen Jura und gehörte zur selben Gruppe einfacher, gepanzerter Dinosaurier wie *Scutellosaurus* (S. 72). Sein Knochenpanzer war mit Keratin bedeckt, genau wie der von *Stegosaurus*.

An einer einzigen Fundstätte in Tansania fand man über 900 Knochen von *Kentrosaurus*.

Huayangosaurus

Die meisten Stegosaurier hatten lange Hinterbeine und kurze Vorderbeine, aber bei *Huayangosaurus* waren alle vier Beine gleich lang. Er hatte außerdem eine kürzere, breitere Schnauze als spätere Arten. Die Zähne saßen bei ihm nur vorn im Oberkiefer.

ZEIT Vor 165 Mio. Jahren (mittlerer Jura)

GRÖSSE 4 m lang

FUNDORT China

LEBENSRAUM Flusstäler

NAHRUNG Farne, Blätter, Zapfen von Palmfarnen

Kentrosaurus

Sieben Paare von Knochenplatten ragten am Hals und Rücken dieses Pflanzenfressers auf. Vielleicht setzte er sie bei der Balz ein. Wenn *Kentrosaurus* von einem Räuber angegriffen wurde, schlug er wahrscheinlich mit dem Schwanz nach ihm. Mit den langen Stacheln konnte er ihm schwere Wunden zufügen.

ZEIT Vor 156–150 Mio. Jahren (später Jura)

GRÖSSE 5 m lang

FUNDORT Tansania

LEBENSRAUM Wälder

NAHRUNG Pflanzen

Tuojiangosaurus

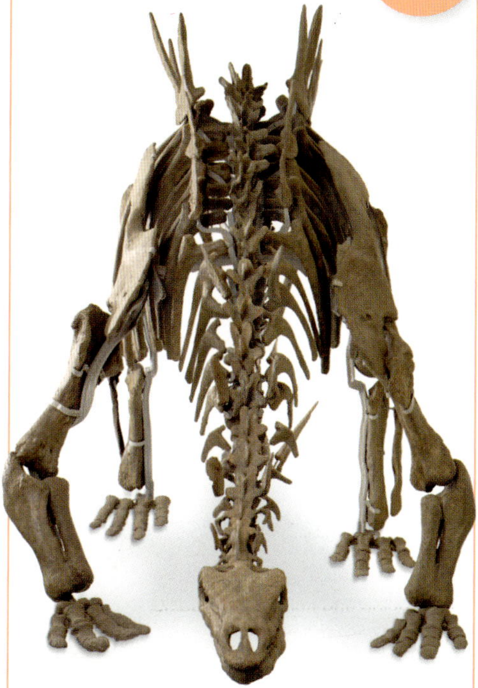

Dieser nahe Verwandte von *Stegosaurus* hatte eine lange, niedrige Schnauze, einen schnabelähnlichen Kiefer und Stacheln am Schwanz. Diese Merkmale hatten auch andere Stegosaurier.

ZEIT Vor 160–150 Mio. Jahren (später Jura)

GRÖSSE 7 m lang

FUNDORT China

LEBENSRAUM Wälder

NAHRUNG Pflanzen

Nodosaurier

Diese Familie gepanzerter Dinosaurier entwickelte sich im Jura. Der Panzer bestand aus Reihen von Knochenplatten und knöchernen Stacheln in der Haut. Er schützte die Tiere vor den Angriffen der Raubdinosaurier. Auch bei der Balz und bei Kämpfen unter Rivalen war er nützlich.

Gastonia

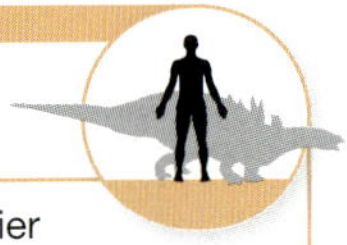

Dieser kleine, schwere Nodosaurier hatte dicke knöcherne Schilde an Rücken und Schwanz, von denen viele zu klingenförmigen Stacheln verlängert waren. Wenn *Gastonia* angegriffen wurde, konnte er einen Räuber mit seinem stachligen Schwanz schwer verletzen. Die Oberseite des Schädels war besonders dick.

ZEIT Vor 125 Mio. Jahren (frühe Kreide)
GRÖSSE 4 m lang
FUNDORT USA
LEBENSRAUM Wälder
NAHRUNG Pflanzen

Edmontonia

Edmontonia vertrieb wahrscheinlich Fressfeinde, indem er sie mit seinen speerartigen Schulterstacheln angriff. Vielleicht kämpften die Männchen auch mit Artgenossen um Reviere oder Weibchen.

ZEIT Vor 75–65 Mio. Jahren (späte Kreide)
GRÖSSE 7 m lang
FUNDORT Nordamerika
LEBENSRAUM Wälder
NAHRUNG Niedrige Pflanzen

Sauropelta

Die riesigen Stacheln am Hals schützten *Sauropelta* vor Raubsauriern wie *Deinonychus* (S. 51). Dicke Schilde bedeckten Rücken und Schwanz, daher sein Name, der „Schildechse" bedeutet.

ZEIT	Vor 120–110 Mio. Jahren (Kreide)
GRÖSSE	5 m lang
FUNDORT	USA
LEBENSRAUM	Wälder
NAHRUNG	Pflanzen

Gargoyleosaurus

Anders als die meisten gepanzerten Dinosaurier hatte *Gargoyleosaurus* kegelförmige Zähne vorn im Unterkiefer. Mit ihnen trennte er wahrscheinlich Blätter und Zweige von Pflanzen. Sein Rücken war mit Platten bedeckt und am Kopf und an den Wangen trug er dreieckige Hörner.

ZEIT	Vor 155–145 Mio. Jahren (später Jura)
GRÖSSE	4 m lang
FUNDORT	USA
LEBENSRAUM	Wälder
NAHRUNG	Niedrige Pflanzen

Ankylosaurier

Diese Familie von gepanzerten Dinosauriern lebte in der Kreidezeit. Im Gegensatz zu den Nodosauriern hatten die Ankylosaurier breite, dreieckige Köpfe und keine langen Stacheln. Bei vielen war das Schwanzende zu einer knöchernen Keule verwachsen, die oft groß und schwer genug war, um Angreifer ernsthaft zu verletzen.

Ankylosaurus

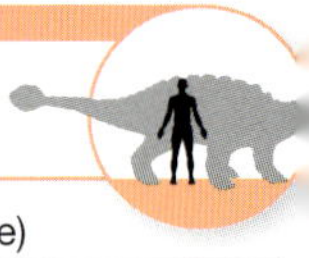

Ankylosaurus war der größte Ankylosaurier und vom Kopf bis zum Schwanz mit Knochenplatten bedeckt. Sogar in den Augenlidern hatte er kleine Knochenplatten, die die Augen schützten. Am Schwanzende waren Knochen zu einer Keule verwachsen, die das Tier gegen Angreifer einsetzte.

ZEIT Vor 70–65 Mio. Jahren (Kreide)

GRÖSSE 6 m lang

FUNDORT Nordamerika

LEBENSRAUM Wälder

NAHRUNG Pflanzen

Minmi

Minmi, einer der kleineren Ankylosaurier, hatte zusätzliche Knochen am Rücken, die vielleicht seine Rückenmuskeln stützten. Er besaß einen spitzen Schnabel und kleine, blattförmige Zähne.

ZEIT Vor 120–115 Mio. Jahren (frühe Kreide)

GRÖSSE 3 m lang

FUNDORT Australien

LEBENSRAUM Wälder, Ebenen

NAHRUNG Blätter, Samen und Früchte

Euoplocephalus

Euoplocephalus war ein gewaltiger Ankylosaurier mit einer Knochenkeule am Schwanz. Mit seinen kräftigen Beinen war er trotz seines Gewichts recht flink. Mit dem Panzer und der Schwanzkeule war er gegen Angriffe gut gewappnet.

ZEIT Vor 70–65 Mio. Jahren (Kreide)

GRÖSSE 6 m lang

FUNDORT Nordamerika

LEBENSRAUM Wälder

NAHRUNG Pflanzen

Wenn ein Angreifer der **Schwanzkeule** ausweichen konnte, schützten Stacheln an Hals und Rücken *Euoplocephalus* vor der Attacke.

EUOPLOCEPHALUS
In der späten Kreide musste *Euoplocephalus* in Nordamerika riesige Raubsaurier wie den Theropoden *Gorgosaurus* abwehren. Seine Schwanzknochen waren zu einer Keule verwachsen, mit der er Angreifer schwer verletzen konnte.

Ornithopoden

Vogelbeckensaurier waren Pflanzenfresser mit kurzen Schnäbeln. Eine Gruppe waren die Ornithopoden. Einige von ihnen konnten mit ihren Zähnen Pflanzen zerkauen. Viele wanderten in großen Herden und liefen auf den Hinterbeinen. Manche der größeren Arten liefen meistens auf allen vieren.

IM DETAIL:
VIELFALT
Zu den Ornithopoden gehörten viele verschiedene Dinosauriertypen.

▲ Hypsilophodontiden waren kleine Pflanzenfresser, die flink auf ihren Hinterbeinen liefen.

▲ Iguanodontiden hatten einen pferdeähnlichen Kopf. Manche waren klein, andere wurden riesig.

▲ Hadrosaurier hatten einen breiten Schnabel und werden daher auch Entenschnabelsaurier genannt.

Heterodontosaurus

Heterodontosaurus hatte ungewöhnlicherweise drei verschiedene Zahntypen: Mit den scharfen Zähnen vorn konnte er Blätter abzwicken, mit den dicht stehenden Zähnen hinten im Maul kaute er und die spitzen Zähne setzte er wahrscheinlich zur Verteidigung ein.

ZEIT Vor 200–190 Mio. Jahren (früher Jura)

GRÖSSE 1 m lang

FUNDORT Südafrika

LEBENSRAUM Buschland

NAHRUNG Pflanzen, Knollen, vielleicht Insekten

Lesothosaurus

Dieser truthahngroße Ornithopode war flink und konnte Fressfeinden wahrscheinlich leicht entkommen. Seine großen Augen wiesen zu den Seiten, sodass er rundum Gefahren wahrnehmen konnte.

ZEIT Vor 200–190 Mio. Jahren (früher Jura)

GRÖSSE 1 m lang

FUNDORT Südafrika

LEBENSRAUM Wüsten

NAHRUNG Blätter, vielleicht kleine Wirbeltiere und Insekten

Dryosaurus

Dryosaurus ist das bekannteste Mitglied einer Gruppe kleiner Ornithopoden, der Dryosauriden. Er konnte recht schnell laufen und schwenkte vielleicht seinen Schwanz zur Seite, um scharf zu wenden und so Fressfeinde abzuhängen.

ZEIT Vor 155–145 Mio. Jahren (Jura)

GRÖSSE 3 m lang

FUNDORT USA

LEBENSRAUM Wälder

NAHRUNG Blätter und Triebe

Leaellynasaura

Leaellynasaura lebte in Australien. Dieser Kontinent befand sich in der Kreidezeit näher am Südpol als heute. Der kleine Ornithopode überlebte lange Winter, in denen die Sonne viele Monate lang nicht aufging.

ZEIT Vor 105 Mio. Jahren (Kreide)

GRÖSSE 2 m lang

FUNDORT Australien

LEBENSRAUM Wälder

NAHRUNG Pflanzen

Tenontosaurus

Tenontosaurus hatte einen schmalen hohen Schädel und einen ziemlich steifen Schwanz. Die Tiere wurden wahrscheinlich oft von *Deinonychus*-Rudeln gejagt. Bei den Knochen von *Tenontosaurus* fand man Zähne dieser kleinen Theropoden. Deshalb vermuten Experten, dass *Tenontosaurus* mit seinen Angreifern kämpfte.

ZEIT Vor 115–108 Mio. Jahren (Kreide)

GRÖSSE 7 m lang

FUNDORT USA

LEBENSRAUM Wälder

NAHRUNG Pflanzen

Hypsilophodon

Versteinerte Spuren von *Hypsilophodon* lassen darauf schließen, dass die Tiere in Herden lebten und wanderten, ähnlich wie heute Hirsche. Mit den langen Beinen und dem steifen Schwanz waren sie flink. Sie liefen auf den Hinterbeinen und hielten mit dem Schwanz das Gleichgewicht.

ZEIT Vor 125–120 Mio. Jahren (Kreide)

GRÖSSE 2 m lang

FUNDORTE England und Spanien

LEBENSRAUM Wälder

NAHRUNG Pflanzen

Mit seinen langen spitzen Krallen konnte *Tenontosaurus* Angreifern schwere Verletzungen zufügen.

Muttaburrasaurus

Vielleicht erzeugte dieser Ornithopode mit seiner hohlen Schnauze trompetende Geräusche. Möglicherweise wärmte sich in ihr auch die Atemluft auf. *Muttaburrasaurus* hatte kräftige Schädelknochen unter den Augenhöhlen, sodass er harte Pflanzen kauen konnte.

ZEIT	Vor 100–98 Mio. Jahren (frühe Kreide)
GRÖSSE	8 m lang
FUNDORT	Australien
LEBENSRAUM	Wälder
NAHRUNG	Pflanzen

Lesothosaurus war gebaut

wie eine Gazelle

und konnte den Räubern seiner Zeit geschickt entkommen.

LESOTHOSAURUS

Lesothosaurus lebte im frühen Jura und war einer der ersten Ornithopoden. Er war schnell und wendig. Hier ist dargestellt, wie er vor *Sphenosuchus* flieht. Seine kleinen Zähne waren wie Pfeilspitzen geformt. Wahrscheinlich weidete er niedrige Pflanzen ab.

Rhabdodon

Obwohl er bereits 1869 entdeckt wurde, ist noch immer nicht ganz geklärt, ob *Rhabdodon* zur Familie der Hypsilophodontiden oder der Iguanodontiden gehört. Der stämmige Ornithopode hatte kräftige Kieferknochen und abgerundete Zähne.

ZEIT Vor 75 Mio. Jahren (Kreide)

GRÖSSE 3,7 m lang

FUNDORTE Österreich, Frankreich, Rumänien und Spanien

LEBENSRAUM Wälder

NAHRUNG Pflanzen

Camptosaurus

Camptosaurus gehörte zu der Ornithopodengruppe der Iguanodontiden. Er war ein schwer gebautes Tier mit einem langen, pferdeähnlichen Kopf und einem Schnabel. Er besaß Daumenstacheln und die mittleren Finger trugen sein Gewicht, wenn er auf allen vieren lief.

ZEIT Vor 155–145 Mio. Jahren (Jura)

GRÖSSE 5 m lang

FUNDORT USA

LEBENRAUM Wälder

NAHRUNG Niedrige Kräuter und Büsche

Iguanodon

Im langen Kiefer von *Iguanodon* saßen blattförmige Zähne, die denen der heute lebenden Leguane ähnelten. Er lief meistens auf vier Beinen, konnte sich aber auch auf die Hinterbeine stellen, um Blätter aus den Baumkronen zu fressen. Kräftige mittlere Zehen trugen sein Gewicht. *Iguanodon* war im Jahr 1825 das zweite urzeitliche Tier, bei dem man erkannte, dass es sich um einen Dinosaurier handelte.

ZEIT Vor 135–125 Mio. Jahren (Kreide)

GRÖSSE 9–12 m lang

FUNDORTE Belgien, Deutschland, Frankreich, Spanien und England

LEBENSRAUM Wälder

NAHRUNG Pflanzen

Maiasaura

An einer Fundstätte in Montana in den USA fand man die Überreste vieler schüsselförmiger Dinosauriernester. Experten glauben, dass es eine Nistkolonie war, in der die Eltern ihre Jungen großzogen, ähnlich wie in den Kolonien vieler Seevögel heute. Sie nannten den Erbauer der Nester *Maiasaura*, „Gute-Mutter-Echse“.

ZEIT Vor 80–74 Mio. Jahren (Kreide)

GRÖSSE 9 m lang

FUNDORT USA

LEBENSRAUM Küstenebenen

NAHRUNG Blätter

Hadrosaurus

Dieser Ornithopode pflückte mit seinem zahnlosen Schnabel Zweige und Blätter von Pflanzen. Er hatte Hunderte stumpfer Zähne hinten im Maul, mit denen er die Nahrung zu einem Brei zermalmte.

ZEIT Vor 80–74 Mio. Jahren (späte Kreide)

GRÖSSE 9 m lang

FUNDORT Nordamerika

LEBENSRAUM Wälder

NAHRUNG Blätter und Zweige

Corythosaurus

Der Kamm dieses Hadrosauriers ähnelt den Helmen, die die Soldaten von Korinth in der Antike trugen, daher sein Name. Dieser Kamm funktionierte wahrscheinlich wie eine Posaune: Das Tier konnte mit ihm laute Geräusche erzeugen und sich mit den anderen Mitgliedern seiner Herde verständigen.

ZEIT Vor 76–74 Mio. Jahren (Kreide)

GRÖSSE 9 m lang

FUNDORT Kanada

LEBENSRAUM Wälder und Sümpfe

NAHRUNG Kiefernnadeln und Samen

Lambeosaurus

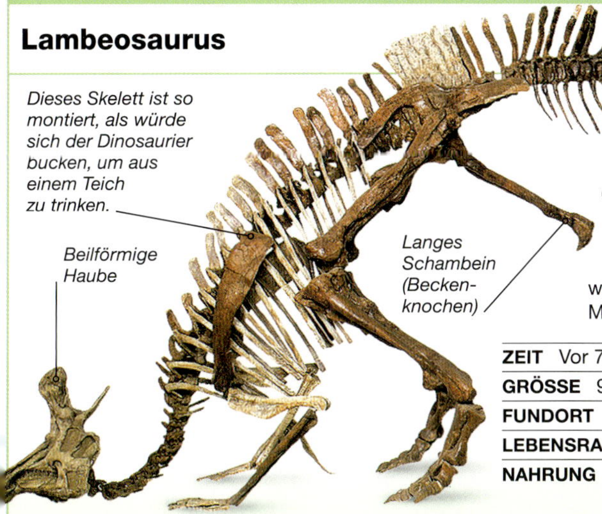

Der hohle Kamm auf dem Kopf dieses Hadrosauriers veränderte die Form, während das Tier heranwuchs. Am Kamm erkannten sich Artgenossen wahrscheinlich. Vielleicht beeindruckten Männchen mit dem Kamm die Weibchen.

ZEIT	Vor 76–74 Mio. Jahren (späte Kreide)
GRÖSSE	9–15 m lang
FUNDORT	Kanada
LEBENSRAUM	Wälder
NAHRUNG	Niedrige Pflanzen, Früchte und Samen

Edmontosaurus

Dieser Entenschnabelsaurier hatte einen breiten Schnabel, mit dem er Blätter pflückte. Dann kaute er sie mit über 1000 kleinen Backenzähnen zu Brei. Wie bei anderen Hadrosauriern waren seine Hinterbeine länger als die Vorderbeine. Meistens lief das Tier aber auf allen vieren.

ZEIT Vor 75–65 Mio. Jahren (Kreide)
GRÖSSE 13 m lang
FUNDORTE USA und Kanada
LEBENSRAUM Sümpfe
NAHRUNG Pflanzen

Brachylophosaurus

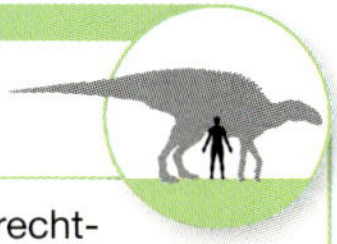

Brachylophosaurus hatte einen rechteckigen Schädel mit einem flachen Knochenkamm. Bei Männchen war dieser Kamm viel breiter und schwerer als bei Weibchen.

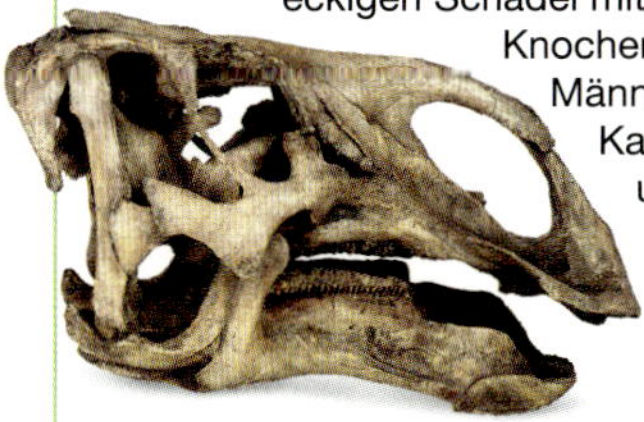

ZEIT Vor 76,5 Mio. Jahren (späte Kreide)
GRÖSSE 9 m lang
FUNDORT Nordamerika
LEBENSRAUM Wälder
NAHRUNG Farne, Blütenpflanzen, Nadelbäume

Parasaurolophus

Das auffälligste Merkmal dieses Dinosauriers war der Kamm auf seinem Kopf. Ein Hohlraum im Kamm war mit den Nasenlöchern verbunden. *Parasaurolophus* kommunizierte vielleicht mit lauten, trompetenden Geräuschen mit anderen Herdenmitgliedern.

ZEIT Vor 76–74 Mio. Jahren (Kreide)
GRÖSSE 9 m lang
FUNDORT Nordamerika
LEBENSRAUM Wälder
NAHRUNG Kiefernnadeln, Samen

Pachycephalosaurier

Die Pachycephalosaurier oder Dickkopfsaurier waren eine der letzten Dinosauriergruppen. Sie sind nach ihrem dicken Schädeldach benannt. Die Tiere hatten viele kleine, gefurchte Zähne, mit denen sie Blätter und andere Pflanzenteile abpflückten.

Stegoceras

Dieser Pflanzenfresser hatte gesägte Zähne, mit denen er wohl Blätter abrupfte und kaute. Der Schädel hat ein gewölbtes Dach und hinten einen knöchernen Fortsatz mit Höckern und Stacheln.

ZEIT Vor 77,5–74 Mio. Jahren (späte Kreide)

GRÖSSE 2 m lang

FUNDORT Kanada

LEBENSRAUM Wälder

NAHRUNG Blätter und Früchte

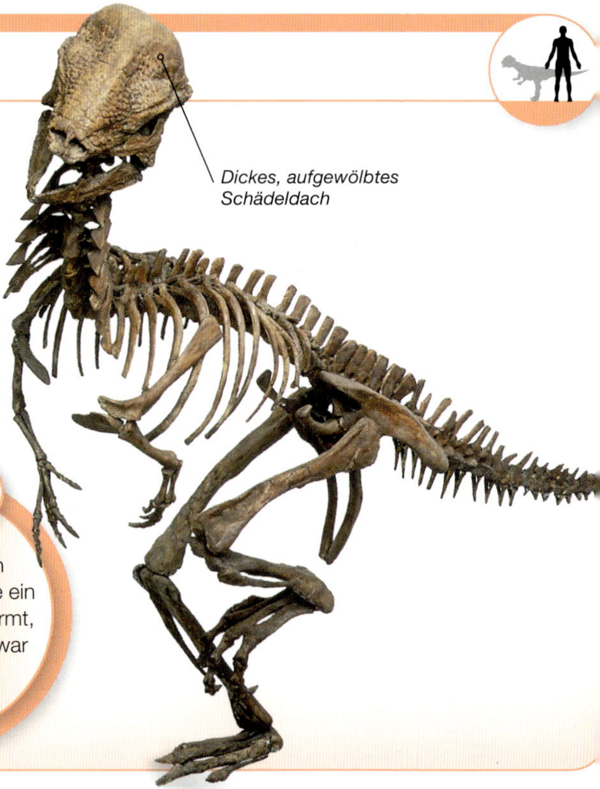

Der Schädel von *Stegoceras* war wie ein Motorradhelm geformt, das Schädeldach war etwa 9 cm dick.

Pachycephalosaurus

Auf seinem dicken Schädeldach trug dieser Dinosaurier eine Krone aus knöchernen Stacheln. Auch an den Wangen und der Schnauze befanden sich Stacheln. Ihre Funktion ist unklar. Vielleicht kämpften Rivalen mit dem Kopf oder balzten um die Weibchen. *Pachycephalosaurus* hatte blattförmige Zähne seitlich im Maul und kegelförmige im Unterkiefer. Mit den vorderen Zähnen konnte er Pflanzenteile abpflücken.

ZEIT Vor 65 Mio. Jahren (späte Kreide)

GRÖSSE 5 m lang

FUNDORT Nordamerika

LEBENSRAUM Wälder

NAHRUNG Pflanzen, weiche Früchte, Samen

Ceratopsier

Obwohl die Ceratopsier Pflanzenfresser waren, sahen sie mit ihren langen Hörnern und den großen Nackenschilden furchterregend aus. Sie lebten in Herden und weideten in den Wäldern und auf den Ebenen in Nordamerika und Asien.

IM DETAIL:
HÖRNER
Aus kleinen Knochenhöckern entwickelten sich riesige Hörner.

▲ Frühe Ceratopsier wie *Psittacosaurus* hatten kleine Hörner an den Wangen.

▲ *Centrosaurus* setzte sein Horn auf der Nase zur Verteidigung ein.

▲ Mit den Hörnern über den Augen sah *Triceratops* gefährlich aus. Er konnte mit ihnen auch kämpfen.

Psittacosaurus

Eines der ersten Mitglieder der Ceratopsier war *Psittacosaurus*. Er hatte kräftige Hinterbeine, auf denen er wahrscheinlich recht schnell laufen konnte.

ZEIT Vor 120–100 Mio. Jahren (frühe Kreide)

GRÖSSE 2 m lang

FUNDORTE China und Mongolei

LEBENSRAUM Wüsten, Buschland

NAHRUNG Pflanzen

Der Dino ist im Modell schlafend dargestellt.

Protoceratops

Der kleine Horndinosaurier *Protoceratops* hatte breite Füße und spatenförmige Krallen, mit denen er in der Wüste Baue grub. Zum Schutz vor der Hitze zog er sich unter die Erde zurück.

ZEIT Vor 74–65 Mio. Jahren (späte Kreide)

GRÖSSE 1,8 m lang

FUNDORT Mongolei

LEBENSRAUM Wüsten

NAHRUNG Wüstenpflanzen

Triceratops

Dieser Dinosaurier, der bis zu 10 t schwer wurde, war wie ein heute lebendes Nashorn gebaut. Bissspuren von *Tyrannosaurus rex* in seinem Schädel lassen darauf schließen, dass die beiden Dinosaurierarten wild miteinander kämpften.

ZEIT Vor 70–65 Mio. Jahren (späte Kreide)

GRÖSSE 9 m lang

FUNDORT Nordamerika

LEBENSRAUM Wälder

NAHRUNG Waldpflanzen

Pentaceratops

Das auffälligste Merkmal dieses Dinosauriers war sein riesiger Kopf. Ein versteinerter Schädel, den man aus Bruchstücken zusammengesetzt hat, war über 3 m lang. Kein anderes Tier an Land hatte jemals einen so großen Kopf. *Pentaceratops* hatte fünf Hörner im Gesicht: eines auf der Schnauze, je ein gekrümmtes über jeder Augenbraue und je ein kleines auf jeder Wange.

ZEIT Vor 76–74 Mio. Jahren (späte Kreide)

GRÖSSE 6,5 m lang

FUNDORT USA

LEBENSRAUM Wälder

NAHRUNG Pflanzen

Vielleicht war der Schild auffällig gemustert.

Chasmosaurus

Ein riesiger Nackenschild war das auffälligste Merkmal dieses Dinosauriers. Die Löcher darin waren vielleicht mit bunter Haut bedeckt. Wahrscheinlich balzte *Chasmosaurus* mit dem Schild. Wenn er den Kopf senkte, konnte er damit auch seine Feinde einschüchtern.

ZEIT Vor 74–65 Mio. Jahren (späte Kreide)

GRÖSSE 5 m lang

FUNDORT Nordamerika

LEBENSRAUM Wälder

NAHRUNG Palmen und Palmfarne

Einiosaurus

Das vordere Horn dieses Dinosauriers unterschied sich stark von den Hörnern anderer Horndinosaurier. Bei jungen Tieren war es gerade, aber wenn sie heranwuchsen, krümmte es sich allmählich nach vorn. Diese Dinosaurier lebten in Herden. Sie zogen weiter, wenn sie die Pflanzen abgeweidet hatten.

ZEIT Vor 74–65 Mio. Jahren (späte Kreide)

GRÖSSE 6 m lang

FUNDORT USA

LEBENSRAUM Wälder

NAHRUNG Pflanzen

Styracosaurus

Sechs Stacheln ragten am Nackenschild dieses beeindruckenden Reptils auf. Bei Männchen waren sie ein Schmuck, mit dem sie die Weibchen beeindruckten. Je länger die Stacheln waren, desto attraktiver erschien das Männchen den Weibchen. Wenn die Zähne von *Styracosaurus* abgenutzt waren, wuchsen neue nach.

ZEIT	Vor 74–65 Mio. Jahren (späte Kreide)
GRÖSSE	5,2 m lang
FUNDORT	Nordamerika
LEBENSRAUM	Offenes Waldland
NAHRUNG	Farne und Palmfarne

Zeitgenossen der Dinos

Die Dinosaurier waren nicht die einzigen Tiere, die im Mesozoikum auf dem Festland lebten. Auf der Erde gab es noch viele andere Tiergruppen. Zu ihnen gehörten zum Beispiel Archosaurier und Rhynchosaurier, Cynodontier und frühe Säugetiere. Manche, wie das spitzmausähnliche Säugetier *Eomaia*, waren sehr klein. Andere, wie der Archosaurier *Postosuchus* (links), wuchsen zu wahren Riesen heran.

EFFIGIA
Viele Archosaurier, wie *Effigia*, ähnelten den Dinosauriern, aber sie waren näher mit den heute lebenden Krokodilen verwandt.

Rhyncho-saurier

Diese stämmigen Pflanzenfresser waren in der Trias viel zahlreicher als die Dinosaurier. Sie hatten einen Schnabel und mehrere Zahnreihen im Gaumen. Mit ihnen kauten sie die Pflanzenteile, bevor sie sie verschluckten.

Rhynchosaurus

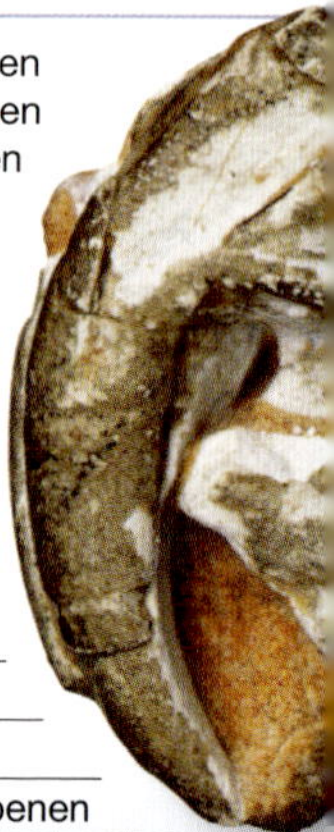

Dieses Reptil hatte einen typischen Rhynchosaurierschnabel und einen hohen, breiten Unterkiefer. An den gefundenen Skeletten erkennt man, dass das Tier schnell laufen konnte. Die Hinterbeine standen beinahe senkrecht. *Rhynchosaurus* grub mit den Füßen Wurzeln und Knollen aus der Erde.

ZEIT Vor 245–240 Mio. Jahren (mittlere Trias)

GRÖSSE 0,5–1 m lang

FUNDORT England

LEBENSRAUM Halbtrockene Ebenen

NAHRUNG Farne und Pflanzenknollen

In Elgin in Schottland fand man in 230 Mio. Jahre altem Gestein über 35 Skelette von *Hyperodapedon*.

Hyperodapedon

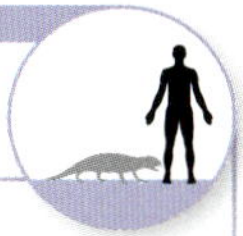

Wie andere Mitglieder seiner Gruppe war *Hyperodapedon* ein schwerer Pflanzenfresser, der auf allen vieren lief. Er hatte einen schweineähnlichen Körper und einen relativ langen Schwanz. Der Kopf war groß und hoch. Der Schnabel war gekrümmt und das Tier hatte zwei kurze Hauer.

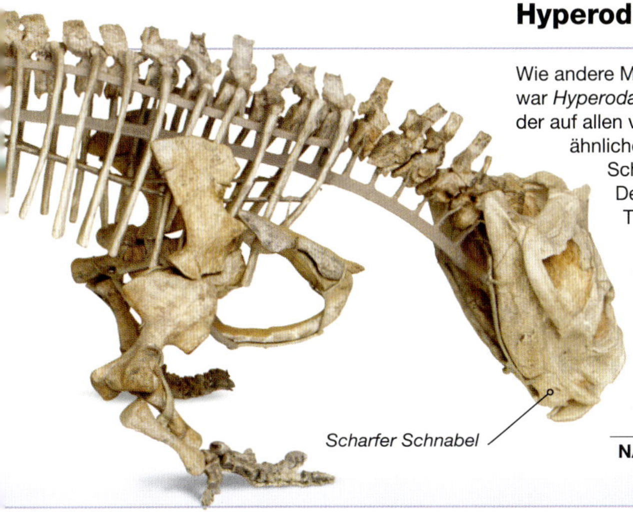

ZEIT Vor 231–216 Mio. Jahren (späte Trias)

GRÖSSE 1,2–1,5 m lang

FUNDORTE Schottland, Argentinien, Brasilien und Indien

LEBENSRAUM Wälder

NAHRUNG Pflanzen

Archosaurier

Die ersten Archosaurier entwickelten sich vor etwa 255 Mio. Jahren. Von ihnen stammen viele Gruppen ab, wie die Krokodile, Flugsaurier und Dinosaurier.

IM DETAIL:
VIELFALT
Die Krokodile und ihre Verwandten nennt man auch Cruotarsi.

Stagonolepis

Stagonolepis gehörte zu einer Gruppe gepanzerter Archosaurier, die Aetosaurier genannt werden. Er trug Knochenplatten am Körper und hatte einen kurzen hohen Schädel und eine schaufelförmige Schnauze. Vielleicht grub er Pflanzenknollen aus wie die heute lebenden Schweine.

ZEIT	Vor 235–223 Mio. Jahren (späte Trias)
GRÖSSE	3 m lang
FUNDORTE	Schottland, Polen und Südamerika
LEBENSRAUM	Wälder
NAHRUNG	Schachtelhalme, Farne, Palmfarne

▲ Viele Cruotarsi, wie *Deinosuchus*, hatten seitlich abgespreizte Beine.

▲ Andere, wie der dinosaurierähnliche *Postosuchus*, konnten auf ihren Hinterbeinen laufen.

▲ *Effigia* ähnelte den Dinosaurierarten, die wie Laufvögel gebaut waren.

Desmatosuchus

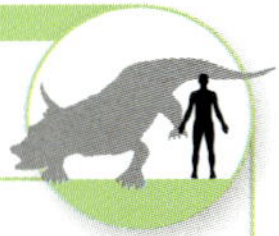

Desmatosuchus war ein Aetosaurier, der einem kurzschnäuzigen Krokodil ähnelte. An Rücken und Schwanz trug er rechteckige Knochenplatten. Die Unterseite seines Bauchs war ebenfalls mit solchen Platten bedeckt. Die Stacheln an den Schultern konnten 45 cm lang werden.

ZEIT Vor 230 Mio. Jahren (späte Trias)

GRÖSSE 5 m lang

FUNDORT USA

LEBENSRAUM Wälder

NAHRUNG Pflanzen

Lagosuchus

Lagosuchus war ein schneller Archosaurier mit langen dünnen Hinterbeinen und langen Füßen. Er hetzte seine Beute mit hoher Geschwindigkeit und konnte vor Feinden fliehen.

ZEIT Vor 230 Mio. Jahren (späte Trias)

GRÖSSE 30 cm

FUNDORT Argentinien

LEBENSRAUM Wälder

NAHRUNG Kleine Tiere

Effigia

Effigia war ein Rauisuchier. Die Beine dieser Archosaurier standen senkrecht unter dem Körper. Die Gruppe entwickelte sich in der Trias. *Effigia* war ein Allesfresser und hatte einen zahnlosen Schnabel wie viele Dinosaurier. Er knackte vielleicht Samen und Eier, pflückte Pflanzenteile ab oder erbeutete kleine Tiere.

ZEIT Vor 210 Mio. Jahren (späte Trias)

GRÖSSE 2–3 m lang

FUNDORT USA

LEBENSRAUM Wälder

NAHRUNG Pflanzen, Samen und Tiere

Parasuchus

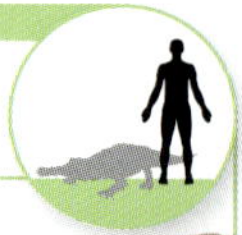

Parasuchus war ein Phytosaurier, ein langschnäuziger Archosaurier, der viel Zeit im Wasser verbrachte und den heute lebenden Krokodilen ähnelte. Er jagte seine Beute am Ufer.

ZEIT Vor 225 Mio. Jahren (späte Trias)

GRÖSSE 2 m lang

FUNDORT Indien

LEBENSRAUM Flüsse und Sümpfe

NAHRUNG Fische und kleine Reptilien

Postosuchus

Postosuchus war ein großer Rauisuchier und eines der größten Raubtiere seiner Zeit. Im gewaltigen Schädel saßen gekrümmte, dolchartige Zähne, die denen großer Theropoden ähnelten. *Postosuchus* lebte zur Zeit der ersten Dinosaurier und jagte sie vermutlich.

ZEIT	Vor 230–200 Mio. Jahren (späte Trias bis früher Jura)
GRÖSSE	4,5 m lang
FUNDORT	USA
LEBENSRAUM	Wälder
NAHRUNG	Kleine Reptilien

Ornithosuchus

Obwohl er sich meistens auf allen vieren bewegte, konnte dieser frühe Archosaurier auch auf den Hinterbeinen laufen. Mit seinen scharfen Zähnen durchtrennte er das Fleisch seiner Beute.

ZEIT	Vor 230 Mio. Jahren (späte Trias)
GRÖSSE	4 m lang
FUNDORT	Schottland
LEBENSRAUM	Sümpfe in Westeuropa
NAHRUNG	Kleine Tiere

Dakosaurus

Dieser entfernte Verwandte der Krokodile gehörte zu einer Gruppe räuberischer Meeresreptilien, den Metriorhynchiden. Der hohe Schädel ähnelte dem von *Tyrannosaurus rex*. Mit seinen vielen spitzen Zähnen konnte *Dakosaurus* Fleischstücke aus seiner Beute reißen und die Gehäuse von Ammoniten knacken.

ZEIT Vor 165–140 Mio. Jahren (Jura)

GRÖSSE 4–5 m lang

FUNDORTE Westeuropa, Mexiko und Argentinien

LEBENSRAUM Seichte Meere

NAHRUNG Fische, Ammoniten, Meeresreptilien

Terrestrisuchus

Dieser kleine Fleischfresser hatte bleistiftdünne Knochen und einen leicht gebauten Schädel. Seine Beine standen senkrecht unter dem Körper. Wie heute lebende Krokodile hatte er Knochenplatten in der Haut.

ZEIT Vor 215–200 Mio. Jahren (späte Trias)

GRÖSSE 0,75–1 m lang

FUNDORTE Britische Inseln, Europa

LEBENSRAUM Trockene Hochländer und Wälder

NAHRUNG Insekten und kleine Tiere

Sphenosuchus

Dieses schlanke Tier konnte vermutlich schnell laufen, wenn es vor Fressfeinden floh oder seine Beute hetzte. In seinen Schädelknochen befanden sich luftgefüllte Hohlräume.

ZEIT Vor 200 Mio. Jahren (früher Jura)

GRÖSSE 1–1,5 m lang

FUNDORT Südafrika

LEBENSRAUM Flussufer und Seen in feuchten Tiefländern

NAHRUNG Kleine Landtiere

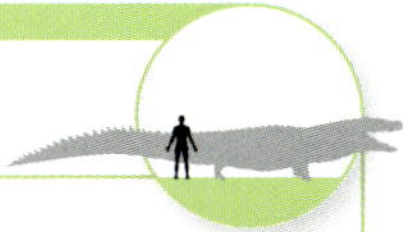

Deinosuchus

Deinosuchus war fast fünfmal so groß wie heute lebende Alligatoren. Er lauerte regungslos am Ufer. Wenn ein Fisch, Meeresreptil oder Dinosaurier vorbeikam, schlug er zu. Ähnlich wie heute lebende Alligatoren zog er das Opfer unter Wasser, um es zu ertränken.

ZEIT Vor 70–65 Mio. Jahren (späte Kreide)
GRÖSSE 10 m lang
FUNDORTE USA und Mexiko
LEBENSRAUM Sümpfe
NAHRUNG Fische, Reptilien, auch Dinosaurier

Simosuchus

Der Name bedeutet „stumpfnasiges Krokodil“, denn der kurze Schädel war für ein Krokodil ungewöhnlich. Die Zähne lassen vermuten, dass dieses Tier meist Pflanzen fraß. Die Hinterbeine waren halb abgespreizt, sodass es wahrscheinlich nicht gut rennen konnte.

ZEIT Vor 70 Mio. Jahren (Kreide)
GRÖSSE 1,2 m lang
FUNDORT Madagaskar
LEBENSRAUM Wälder
NAHRUNG Pflanzen, vielleicht Insekten

Diese Tiere sahen zwar aus wie Dinosaurier, gehörten aber zu einer

älteren Gruppe

von Reptilien namens Rauisuchier.

EFFIGIA

Effigia sah aus wie ein Theropode aus der Gruppe der Vogelnachahmer. Er war aber ein Rauisuchier und lebte 80 Mio. Jahre früher. Wie ein Vogelnachahmer lief er auf den Hinterbeinen und hielt mit seinem langen Schwanz das Gleichgewicht.

Cynodontier und Dicynodontier

Die Cynodontier waren säugetierähnliche Reptilien. Wahrscheinlich trugen sie ein Fell und ihre Beine standen senkrecht unter ihrem Körper. Zur gleichen Zeit lebten die Dicynodontier, eine andere Gruppe mit Hauern und stumpfen Schnäbeln.

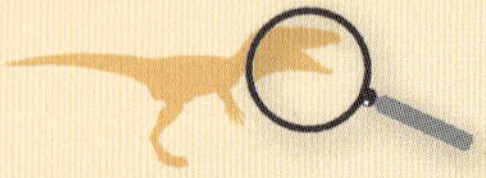

IM DETAIL:
ZÄHNE

Cynodontier und Dicynodontier hatten für sie typische Zähne.

▲ Cynodontier bedeutet „Hundezahn". Die Tiere hatten ähnliche Zähne wie Säugetiere.

▲ Dicynodontier hatten hauerartige Eckzähne vorn im Maul.

Placerias

Die Dicynodontier waren Pflanzenfresser. *Placerias* war in seinem Lebensraum der größte Dicynodontier. Er sah wie ein Flusspferd aus und wog etwa 600 kg. Mit seinem Hornschnabel pflückte er Pflanzenteile ab.

ZEIT	Vor 220–215 Mio. Jahren (späte Trias)
GRÖSSE	2–3,5 m lang
FUNDORT	USA
LEBENSRAUM	Ebenen
NAHRUNG	Pflanzen

Lystrosaurus

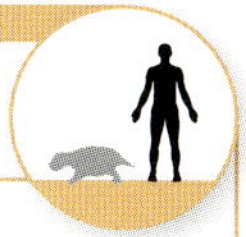

Viele Landtiere starben zum Ende des Perms aus. Dieser Dicynodontier war einer der Überlebenden. *Lystrosaurus* hatte einen schweineähnlichen Körper mit breitem Brustkorb. Wie bei allen Dicynodontiern dienten die Eckzähne wahrscheinlich der Balz oder der Verteidigung.

ZEIT Vor 255–230 Mio. Jahren (spätes Perm bis späte Trias)

GRÖSSE 1 m lang

FUNDORTE Afrika, Russland, Indien, China, Mongolei und Antarktis

LEBENSRAUM Trockene Ebenen

NAHRUNG Pflanzen

Cynognathus

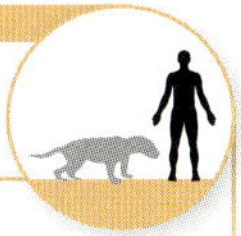

Der Name dieses wolfsgroßen Cynodontiers bedeutet „Hundekiefer". Er hatte große Eckzähne, ähnlich wie ein Hund. Mit seinen Schneidezähnen konnte er Fleisch abtrennen. Cynodontier kauten mit den Backenzähnen, ähnlich wie ihre Nachfahren, die Säugetiere.

ZEIT Vor 247–237 Mio. Jahren (Trias)

GRÖSSE 1 m lang

FUNDORTE Südafrika, Antarktis, Argentinien

LEBENSRAUM Wälder

NAHRUNG Fleisch

Thrinaxodon

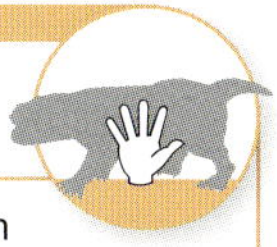

Dieser katzenähnliche Räuber war in der frühen Trias der häufigste Cynodontier. Seine Beine standen fast senkrecht unter dem Körper, wie bei modernen Säugetieren. Vielleicht trug er wie sie ein Fell.

ZEIT Vor 248–245 Mio. Jahren (frühe Trias)

GRÖSSE 30 cm lang

FUNDORTE Südafrika und Antarktis

LEBENSRAUM Wälder und Flussufer

NAHRUNG Insekten und Reptilien

Frühe Säugetiere

Die ersten Säugetiere entwickelten sich in der Trias aus Cynodontiern. Diese spitzmausähnlichen Tiere hatten wahrscheinlich ein Fell und waren gleichwarme Tiere wie heutige Säugetiere. Viele von ihnen besaßen einen guten Geruchssinn. Die frühen Säugetiere lebten zur gleichen Zeit wie die Dinosaurier. Die größten von ihnen machten sogar Jagd auf junge Dinosaurier.

Morganucodon

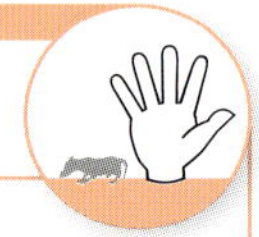

Dieses spitzmausähnliche Tier war eines der ersten echten Säugetiere. *Morganucodon* wies noch einige Merkmale seiner Reptilienvorfahren auf, etwa den Bau seines Kiefers. Wahrscheinlich legte das Tier Eier wie ein Reptil und jagte nachts. Seine Fossilien wurden 1949 in Wales entdeckt.

ZEIT Vor 210–180 Mio. Jahren (späte Trias bis früher Jura)

GRÖSSE 9 cm lang

FUNDORTE Wales, China und USA

LEBENSRAUM Wälder

NAHRUNG Insekten

Nemegtbaatar

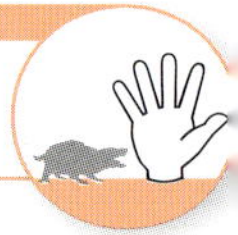

Nemegtbaatar sah mit seinem kurzen hohen Schädel wie ein Maulwurf aus. Das Tier hatte eine breite Schnauze, aus der die Vorderzähne ragten. Wahrscheinlich fraß es Pflanzen.

ZEIT Vor 65 Mio. Jahren (späte Kreide)

GRÖSSE 10 cm lang

FUNDORT Mongolei

LEBENSRAUM Wälder

NAHRUNG Wahrscheinlich Pflanzen

Megazostrodon

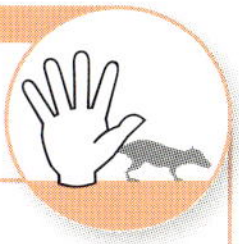

Dieses schlanke Tier hatte eine lang gestreckte Schnauze und einen langen Schwanz. Wahrscheinlich konnte es graben und rennen wie heute lebende Ratten. Mit spitzen Höckern auf den Backenzähnen knackte es Insektenpanzer.

ZEIT Vor 190 Mio. Jahren (früher Jura)
GRÖSSE 10 cm lang
FUNDORT Südafrika
LEBENSRAUM Wälder
NAHRUNG Insekten

Eomaia

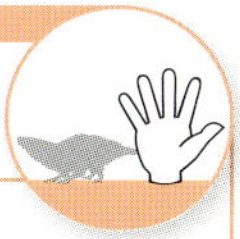

Der Name dieses rattengroßen Tiers bedeutet „Mutter der Morgendämmerung“. Es war einer der ersten Placentalier. Die Weibchen dieser Säugetiere bilden eine Plazenta aus. Dieses Organ ernährt die Embryos im Leib der Mutter.

ZEIT Vor 125 Mio. Jahren (frühe Kreide)
GRÖSSE 20 cm lang
FUNDORT China
LEBENSRAUM Wälder
NAHRUNG Insekten, andere kleine Tiere

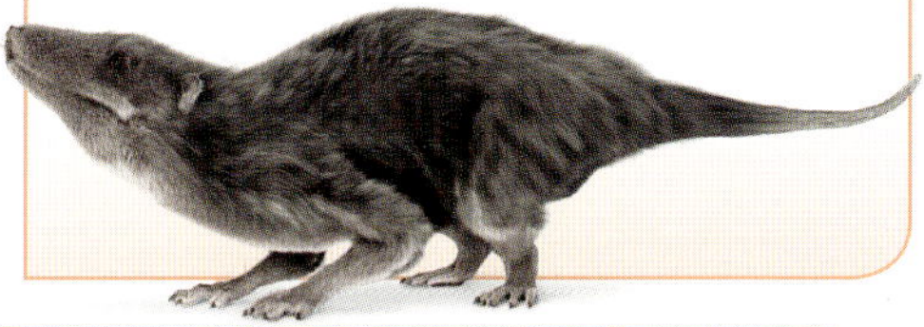

Sinoconodon

Sinoconodon war so groß wie ein Eichhörnchen. Mit seinem starken Kiefer konnte das Tier kräftig zubeißen. Die Gehörknöchelchen waren so gebaut wie bei Säugetieren, aber die Zähne wuchsen während des ganzen Lebens wie bei Reptilien.

ZEIT Vor 200 Mio. Jahren (Jura)
GRÖSSE 30 cm lang
FUNDORT China
LEBENSRAUM Wälder
NAHRUNG Allesfresser

Meeres-reptilien

Während die Dinosaurier das Festland beherrschten, jagten in den Ozeanen riesige Reptilien. Zu ihnen gehörten die Plesiosaurier, Nothosaurier und Mosasaurier (links). Sie schwammen mit ihren flossenähnlichen Gliedmaßen durch das Meer. Viele hatten spitze Zähne, mit denen sie glitschige Fische packen konnten.

SCHILDKRÖTEN
Außer gigantischen Räubern lebten noch andere Reptilien in den Meeren, wie Placodontier und Schildkröten. *Protostega* hatte schützende Platten an Bauch und Rücken.

Placodontier und Schildkröten

Während der mittleren Trias bedeckten seichte Meere Europa. In ihnen wimmelte es von räuberischen Reptilien, den Placodontiern. Sie hatten einen fassförmigen Körper, Schwimmhäute zwischen den Zehen und einen langen Schwanz. Auch Schildkröten gab es bereits.

Placodus

Dieses Reptil war trotz seines plumpen Körpers ein sehr guter Schwimmer. Ungewöhnlich waren seine hervorstehenden Vorderzähne. Vielleicht spießte das Tier mit ihnen Fische auf. Mit den hinteren, stiftartigen Zähnen könnte es die harten Schalen von Weichtieren geknackt haben.

ZEIT Vor 245–235 Mio. Jahren (mittlere Trias)

GRÖSSE 2–3 m lang

FUNDORT Deutschland

LEBENSRAUM Seichte Meere bei Riffen

NAHRUNG Muscheln, andere Wirbellose, Fische

Kayentachelys

Kayentachelys war eine der ersten Schildkröten mit einem vollständig ausgebildeten Panzer, wie ihn die heute lebenden Schildkröten besitzen. Das Tier hatte auch einen spitzen Schnabel wie seine modernen Verwandten und konnte wie sie den Kopf und die Beine zum Schutz in den Panzer einziehen.

ZEIT Vor 196–183 Mio. Jahren (früher Jura)

GRÖSSE 60 cm lang

FUNDORT USA

LEBENSRAUM Bäche in trockenen Gegenden

NAHRUNG Pflanzen und Tiere

Odontochelys

Odontochelys ist die älteste Schildkrötenart, die man bisher entdeckt hat.

Odontochelys unterschied sich von heutigen Schildkröten: Seine modernen Verwandten haben einen zahnlosen Hornschnabel, während dieses Tier einen Kiefer mit Zähnen hatte. Sein wissenschaftlicher Name bedeutet daher „Schildkröte mit Zähnen“. Ein Panzer bedeckte nur den Bauch. Bei unseren Schildkröten schützt er auch den Rücken.

ZEIT Vor 220 Mio. Jahren (späte Trias)

GRÖSSE 40 cm lang

FUNDORT China

LEBENSRAUM Seichte Küstenmeere

NAHRUNG Fische, Ammoniten, Pflanzen

Nothosaurier

Die Nothosaurier schwammen in den flachen Küstenmeeren der Trias, als die ersten Dinosaurier auf dem Festland erschienen. Diese Fischjäger hatten vier Beine und Füße mit Schwimmhäuten. Sie brachten ihre Jungen wahrscheinlich an Stränden und Felsküsten zur Welt, ähnlich wie Robben heute.

Pachypleurosaurus

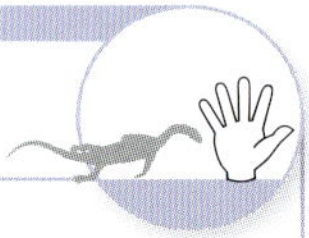

Pachypleurosaurus war ein kleines Tier mit einem schlangenähnlichen Körper und einem langen Schwanz. Er schwamm wie ein Otter, indem er den Körper wellenförmig bewegte und mit den paddelartigen Hinterbeinen steuerte.

ZEIT Vor 225 Mio. Jahren (späte Trias)

GRÖSSE 30–40 cm lang

FUNDORTE Italien und Schweiz

LEBENSRAUM Flache Meere

NAHRUNG Kleine Fische

Lariosaurus

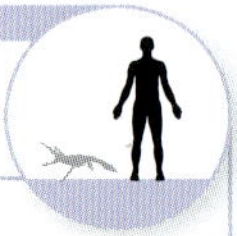

Der kleine Nothosaurier Lariosaurus lebte v. a. im Wasser, kam aber oft an Land. Anders als die meisten Reptilien legte er wahrscheinlich keine Eier, sondern brachte weit entwickelte Junge zur Welt.

ZEIT Vor 234–227 Mio. Jahren (späte Trias)

GRÖSSE 50–70 cm lang

FUNDORT Italien

LEBENSRAUM Seichte Meere

NAHRUNG Kleine Fische und Krebse

Nothosaurus

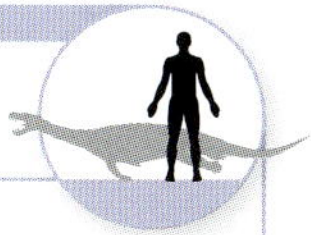

Wie alle Nothosaurier schwamm *Nothosaurus* vermutlich, indem er seinen langen Körper und Schwanz wellenförmig bewegte. Mit den langen spitzen Zähnen konnte er glitschige Beute packen. Wie ein Krokodil bewegte er den Kopf schnell zur Seite, um Fische zu fangen.

ZEIT Vor 240–210 Mio. Jahren (Trias)

GRÖSSE 1,2–4 m lang

FUNDORTE Europa, Afrika, Russland und China

LEBENSRAUM Seichte Meere

NAHRUNG Fische und Krebse

Ichthyosaurier

In den Meeren des Mesozoikums lebten viele räuberische Reptilien, auch diese Gruppe von delfinähnlichen Tieren. Die Ichthyosaurier waren stromlinienförmige Jäger, die sich mit ihren Flossen antrieben und Kalmare, Ammoniten, Fische und Meeresreptilien erbeuteten. Sie hatten große Augen und brachten ihre Jungen im Wasser zur Welt.

Shonisaurus

Shonisaurus hatte eine lange, zahnlose Schnauze. Wenn er Beute fing, zogen kräftige Muskeln die Zunge schnell zurück, sodass sein Opfer eingesaugt wurde. Er war das größte Meeresreptil, das je auf der Erde gelebt hat.

ZEIT Vor 225–208 Mio. Jahren (späte Trias)

GRÖSSE Bis zu 21 m lang

FUNDORT Nordamerika

LEBENSRAUM Offenes Meer

NAHRUNG Fische und Krebse

Ichthyosaurus

Dieser kleine Räuber konnte selbst schnelle, glitschige Beutetiere packen. Seine Schnauze war lang und mit vielen, sehr spitzen Zähnen besetzt. Wie alle Ichthyosaurier spürte *Ichthyosaurus* seine Beute v. a. mit den großen Augen auf, die von einem Ring aus Knochenplatten gestützt wurden.

ZEIT Vor 190 Mio. Jahren (früher Jura)

GRÖSSE 2 m lang

FUNDORTE Britische Inseln, Belgien, Deutschland

LEBENSRAUM Offene Meere

NAHRUNG Fische und Krebse

Mixosaurus

Mixosaurus war ein früher Ichthyosaurier, der wie seine Verwandten mit dem Schwanz hin und her schlug, um sich fortzubewegen. Wahrscheinlich beschleunigte er, um Fischschwärme zu jagen.

ZEIT Vor 230 Mio. Jahren (späte Trias)

GRÖSSE Bis zu 1 m lang

FUNDORTE Nordamerika, Europa, Asien

LEBENSRAUM Offene Meere

NAHRUNG Fische

Temnodontosaurus

Dieser große Ichthyosaurier konnte tief ins Meer hinabtauchen, um Beute zu jagen. Seine Augen hatten 20 cm Durchmesser und waren größer als die der meisten Wirbeltiere.

ZEIT Vor 198–185 Mio. Jahren (früher Jura)

GRÖSSE 12 m lang

FUNDORTE England und Deutschland

LEBENSRAUM Seichte Meere

NAHRUNG Fische und Krebse

Plesiosaurier

Diese riesigen, räuberischen Reptilien waren vollständig an das Leben im Meer angepasst. Sie beherrschten im Jura und in der Kreide die Meere und schwammen mit vier langen Flossen. Viele von ihnen hatten einen langen Hals und einen kleinen Kopf.

Cryptoclidus

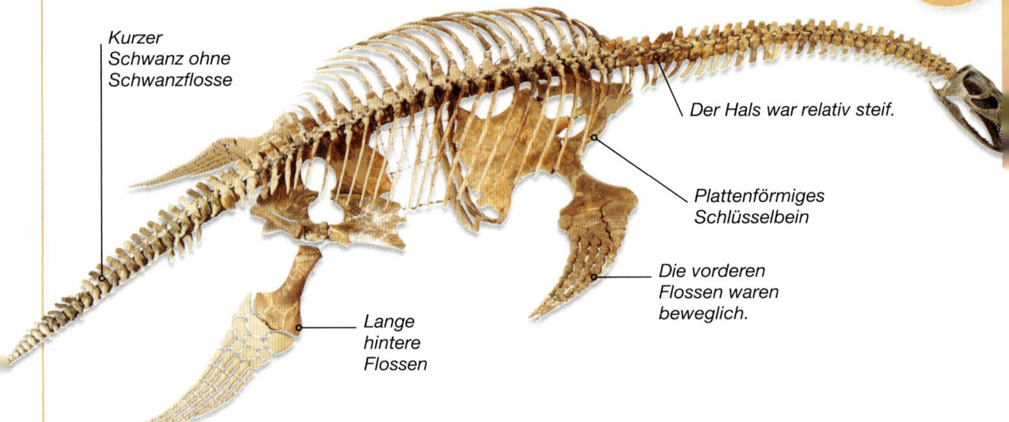

Dieser Plesiosaurier hatte einen flachen Kopf. Sein Schädel war leicht. Mit Hunderten von Zähnen packte er Fische und andere kleine Meerestiere. Wie alle Plesiosaurier „flog“ er wahrscheinlich durchs Wasser, indem er seine Flossen wie Flügel bewegte. Einige Wissenschaftler glauben, dass er an den Strand kam, um dort seine Eier abzulegen.

ZEIT Vor 165–150 Mio. Jahren (Jura)

GRÖSSE 8 m lang

FUNDORTE England, Frankreich, Russland und Südamerika

LEBENSRAUM Seichte Meere

NAHRUNG Fische und Kalmare

Elasmosaurus

Der Fischfresser *Elasmosaurus* jagte wahrscheinlich dicht über dem Meeresgrund. Er hatte 72 Halswirbel, mehr als alle anderen Wirbeltere, die je auf der Erde gelebt haben.

ZEIT Vor 99–65 Mio. Jahren (späte Kreide)
GRÖSSE 14 m lang
FUNDORT USA
LEBENSRAUM Offenes Meer
NAHRUNG Fische, Kalmare und Ammoniten

Plesiosaurus

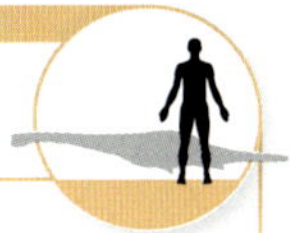

Plesiosaurus hatte einen breiten, schildkrötenähnlichen Körper. Vielleicht schwamm er in Fischschwärme, schwang seinen langen Hals hin und her und packte seine Beute. Er hatte einen breiten, u-förmigen Kiefer und spitze, kegelförmige Zähne.

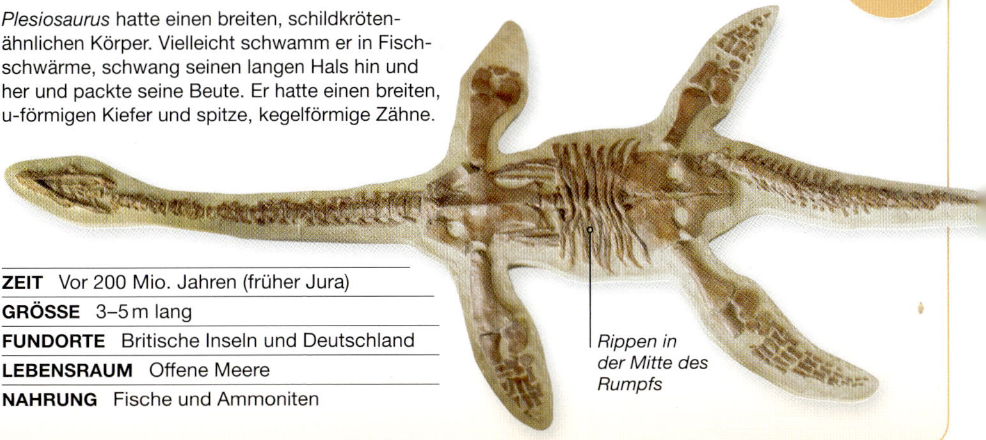

ZEIT Vor 200 Mio. Jahren (früher Jura)
GRÖSSE 3–5 m lang
FUNDORTE Britische Inseln und Deutschland
LEBENSRAUM Offene Meere
NAHRUNG Fische und Ammoniten

Pliosaurier

Die Pliosaurier waren Plesiosaurier mit einem kurzen Hals und großen Kopf. Sie gehörten zu den besten Jägern, die je in den Ozeanen lebten. Mit ihrem muskulösen Hals, riesigen Kiefer und den Krokodilzähnen griffen sie jedes Tier an, das ihnen vor die Schnauze schwamm. Ihre Hauptfeinde waren riesige Haie, aber auch andere Pliosaurier.

Liopleurodon

Der Kiefer von *Liopleurodon* war sehr kräftig. Damit konnte er vielleicht kräftiger zubeißen als *Tyrannosaurus rex*. Experten glauben, dass dieses Tier einen guten Geruchssinn hatte und in tiefen Gewässern jagte, wo die Beute kaum zu erkennen war. Mit den langen, paddelartigen Flossen legte es kurze Strecken wahrscheinlich sehr schnell zurück.

ZEIT Vor 165–150 Mio. Jahren (Jura)

GRÖSSE 5–7 m lang

FUNDORTE Britische Inseln, Deutschland, Frankreich und Russland

LEBENSRAUM Offene Meere

NAHRUNG Große Kalmare und Ichthyosaurier

Rhomaleosaurus

Dieser Pliosaurier hatte einen hervorragenden Geruchssinn und konnte Beute aus weiter Entfernung wittern. Auch mit seinen guten Augen spürte er Beute auf. Wenn er sie gepackt hatte, drehte er sich vermutlich im Wasser herum und zerfetzte sein Opfer.

ZEIT Vor 200–195 Mio. Jahren (Jura)

GRÖSSE 5–7 m lang

FUNDORTE England und Deutschland

LEBENSRAUM Küstenmeere

NAHRUNG Fische, Kalmare, Reptilien

Kronosaurus

Wie moderne Krokodile konnte Kronosaurus seinen Kiefer weit öffnen, um die Beute zu packen. Der Kopf dieses riesigen Räubers war ungefähr 3 m lang, sein Schädel war fast doppelt so groß wie der von *Tyrannosaurus rex*.

ZEIT Vor 65 Mio. Jahren (Kreide)

GRÖSSE 10 m lang

FUNDORTE Australien und Kolumbien

LEBENSRAUM Offene Meere

NAHRUNG Meeresreptilien, Fische und Ammoniten

Rhomaleosaurus

erlegte

seine Beute mit kräftigen Bissen, so ähnlich wie ein Weißer Hai.

RHOMALEOSAURUS

Rhomaleosaurus war ein Pliosaurier, der Fische, Ichthyosaurier und kleine Plesiosaurier erbeutete. Wie alle Plesiosaurier konnte er sie mit seinem Geruchssinn aufspüren, denn er hatte besondere Sinnesorgane im Gaumen.

Mosasaurier

Die Mosasaurier, riesige Reptilien, waren in den Meeren der späten Kreide die mächtigsten Räuber. Ihre Vorfahren waren Landechsen. Die Mosasaurier waren hervorragend an das Leben im Meer angepasst. Mit ihren paddelförmigen Beinen schwammen sie wie Krokodile.

Mosasaurus

Dieser Jäger schwamm, indem er seinen lang gestreckten Körper wellenförmig bewegte. Wahrscheinlich jagte er langsame Tiere in den oberen Wasserschichten. Er konnte sogar Plesiosaurier überwältigen.

ZEIT Vor 70–65 Mio. Jahren (späte Kreide)

GRÖSSE 15–17,6 m lang

FUNDORTE USA, Belgien, Japan, Niederlande, Neuseeland, Marokko und Türkei

LEBENSRAUM Seichte Küstenmeere

NAHRUNG Fische, Kalmare, Plesiosaurier, Schalentiere

Plioplatecarpus

Dieser mittelgroße Räuber bevorzugte warme, flache Meere. Aus der Form seiner Zähne und seines Schädels kann man schließen, dass er kleine Tiere jagte. Im langen Schädel befanden sich dicke, kegelförmige Zähne. Er hatte größere Augen als andere Mosasaurier.

ZEIT Vor 83,5 Mio. Jahren (Kreide)

GRÖSSE 5–6 m lang

FUNDORTE Europa, Kanada und USA

LEBENSRAUM Seichte Meere

NAHRUNG Fische

Dinos der Lüfte

Im Mesozoikum entwickelten sich ganz außergewöhnliche Reptilien – und starben wieder aus. Es waren die Flugsaurier. In der Trias erhoben sie sich in die Lüfte, zum Ende der Kreidezeit hatten sie riesige Ausmaße erreicht. Zu ihnen gehörten der flinke *Pterodactylus*, der an der Meeresoberfläche Fische fing, und der gewaltige *Quetzalcoatlus* (links), der in den Wäldern der Kreidezeit Dinosauriern auflauerte.

PTERODACTYLUS
Der Flugsaurier *Pterodactylus* lebte in Küstennähe. Er jagte am Tag und schlief in der Nacht.

Flugsaurier

Die Reptilien, die sich in der Trias in die Luft erhoben, waren Archosaurier. Einige von ihnen waren die größten fliegenden Tiere aller Zeiten. Sie hatten Flughäute, ähnlich wie Fledermäuse, und ein Fell.

IM DETAIL:
SCHWANZ
Im Lauf der Evolution veränderte sich der Körper der Flugsaurier.

Rhamphorhynchus

Dieser Flugsaurier hatte einen langen Schwanz. Ein rautenförmiges Segel an der Spitze diente wahrscheinlich zum Steuern.

ZEIT Vor 150 Mio. Jahren (Jura)

GRÖSSE 0,3–1,8 m Flügelspannweite

FUNDORTE Europa und Afrika

LEBENSRAUM Küsten und Flussufer

NAHRUNG Fische

▲ Typische Flugsaurier aus der Trias, wie *Eudimorphodon*, hatten einen langen Schwanz und kurze Beine und Flügel. Sie gehörten zur Gruppe der Rhamphorhynchoiden.

▲ Im Jura entwickelte sich eine neue Gruppe, die Pterodactyloiden. Mit ihrem kürzeren Schwanz und ihren längeren Flügeln konnten sie wendiger fliegen.

Dimorphodon

Der große Kopf war fast ein Drittel so lang wie *Dimorphodons* Körper. Das Tier hatte zwei Typen von Zähnen: Mit den längeren vorderen Zähnen packte es seine Beute, mit den hinteren kaute es.

ZEIT	Vor 200–180 Mio. Jahren (früher Jura)
GRÖSSE	1,45 m Flügelspannweite
FUNDORT	Britische Inseln
LEBENSRAUM	Küstenwälder
NAHRUNG	Fische und kleine Reptilien

Peteinosaurus

Der Name dieses Reptils bedeutet „geflügelte Echse“. Die Flügel des frühen Flugsauriers waren viel kleiner als die der Flugsaurier der Kreidezeit wie *Pteranodon*.

ZEIT Vor 228–215 Mio. Jahren (Trias)

GRÖSSE 60 cm Flügelspannweite

FUNDORT Italien

LEBENSRAUM Sümpfe und Flusstäler

NAHRUNG Fliegende Insekten

Anurognathus

Dieser Flugsaurier erbeutete wohl Libellen und Eintagsfliegen. Wahrscheinlich landete er auf den Rücken von Sauropoden und fing dort Insekten.

ZEIT Vor 150–145 Mio. Jahren (später Jura)

GRÖSSE 51 cm Flügelspannweite

FUNDORT Deutschland

LEBENSRAUM Wälder

NAHRUNG Fliegende Insekten

Der Kamm auf dem Kopf von *Pterodactylus* bestand aus Knochen und dicker Haut. Wahrscheinlich diente er der Balz.

Pterodactylus

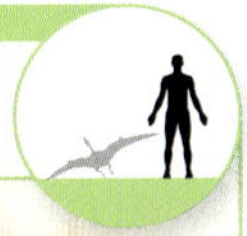

Man hat viele vollständig erhaltene Skelette von *Pterodactylus* gefunden. Deshalb ist er der bekannteste Flugsaurier. Er hatte einen viel kürzeren Schwanz und längere Flügelknochen als frühere Flugsaurier und konnte deshalb besser fliegen.

ZEIT	Vor 150–144 Mio. Jahren (Jura)
GRÖSSE	1 m Flügelspannweite
FUNDORT	Deutschland
LEBENSRAUM	Küstenebenen
NAHRUNG	Fische, Insekten, vielleicht Aas

Quetzalcoatlus

Dieser riesige Flugsaurier ist nach Quetzalcoatl, einem Gott der Azteken, benannt. Er war so groß wie eine Giraffe. Das Tier segelte in der Luft wie ein Kondor und jagte wie ein riesiger Storch: Im Laufen packte es mit dem Schnabel kleine Dinosaurier.

ZEIT Vor 70–65 Mio. Jahren (späte Kreide)

GRÖSSE 10–11 m Flügelspannweite

FUNDORT USA

LEBENSRAUM Ebenen und Wälder

NAHRUNG Säugetiere, Echsen, Dinosaurier

Quetzalcoatlus wog etwa 20-mal so viel wie die schwersten heute lebenden Vögel: 240 kg!

Tupandactylus

Kein Flugsaurier hatte im Verhältnis zum Kopf einen größeren Kamm als *Tupandactylus*. Er wurde von dünnen Knochenstreben gestützt.

ZEIT Vor 112 Mio. Jahren (Kreide)

GRÖSSE 2,5 m Flügelspannweite

FUNDORT Brasilien

LEBENSRAUM Küsten

NAHRUNG Wahrscheinlich Fische

Ornithocheirus

Experten wissen nicht viel über dieses Tier, denn man hat nur wenige Fossilien gefunden. Sie schätzen, dass *Ornithocheirus* eine Flügelspannweite von 10 m hatte. Auf seiner Schnauze befand sich ein knöcherner Kamm, vermutlich zum Balzen.

ZEIT Vor 110 Mio. Jahren (Kreide)

GRÖSSE 8–10 m Flügelspannweite

FUNDORTE Europa und Südamerika

LEBENSRAUM Küsten

NAHRUNG Fische

Urzeitliche Rekorde

DINOSAURIERREKORDE

▶ **Längster Hals im Verhältnis zum Körper** 2002 gruben Wissenschaftler in der Mongolei sechs Wirbel, Teile eines Brustbeins und mehrere lange Beinknochen eines bisher unbekannten Sauropoden namens *Erketu ellisoni* aus. Sie schätzen, dass sein Hals 8 m lang war. Kein bekanntes Landtier hatte im Verhältnis zum Körper einen längeren Hals.

▶ **Größter Dinosaurier** Der größte Dinosaurier, den man bisher kennt, war ein Sauropode namens *Sauroposeidon*. Sein Körper war zwar kürzer als der anderer Sauropoden, er konnte seinen Hals aber auf eine Höhe von bis zu 18 m recken.

▶ **Längster Knochen** Der längste je gefundene Knochen gehörte einem Sauropoden namens *Ultrasaurus*. Der Knochen ist ein Schulterblatt: Er ist 2,4 m lang.

▶ **Intelligentester Dinosaurier** Der schlaueste Dino war wohl *Troodon*. Zumindest hatte der Theropode im Verhältnis zum Körper das größte Gehirn.

▶ **Größter Schädel** Der Ceratopsier *Pentaceratops* hatte den größten Schädel aller Tiere, die jemals auf dem Festland gelebt haben: Sein Kopf war 3 m lang.

▶ **Dickster Schädel** Der Vogelbeckensaurier *Pachycephalosaurus* hatte den dicksten Schädel von allen. Das knöcherne Schädeldach war 20 cm dick.

▶ **Längste Krallen** Der Theropode *Deinocheirus* hatte die längsten Krallen. Sie wurden fast 20 cm lang.

▶ **Die meisten Zähne** Von allen Dinos hatte der Hadrosaurier *Shantungosaurus* die meisten Zähne. Mit über 1500 Zähnen im hinteren Teil seines Kiefers zerkaute er Pflanzenteile.

FLUGSAURIERREKORDE

★ **Größter Flugsaurier** Mit einer Flügelspannweite von über 11 m war *Quetzalcoatlus* vermutlich das größte fliegende Reptil aller Zeiten.

★ **Kleinster Flugsaurier** *Nemicolopterus*, der kleinste Flugsaurier, den wir kennen, hatte eine Flügelspanne von nur 25 cm.

★ **Größter Kamm** Im Verhältnis zum Körpe hatte *Tupandactylus* den größten Kamm.

MEERESREPTILIEN-REKORDE

★ **Größter Ichthyosaurier** *Shonisaurus* war der größte Ichthyosaurier. Er lebte in den Meeren der Trias und konnte bis zu 21 m lang werden.

★ **Kleinster Ichthyosaurier** Der kleinste Ichthyosaurier war *Chaohusaurus*. Er war nur 1,8 m lang, etwa so groß wie ein Mann.

★ **Größter Plesiosaurier** Mit einer Körperlänge von über 20 m war *Mauisaurus* der größte Plesiosaurier.

★ **Kleinster Plesiosaurier** Der kleinste Plesiosaurier war *Umoonasaurus* mit einer Länge von nur 2,5 m.

★ **Größter Pliosaurier** *Kronosaurus* war der größte Pliosaurier. Er wurde bis zu 10 m lang.

★ **Kleinster Pliosaurier** Das kleinste Pliosaurierskelett, das man bisher gefunden hat, stammt von *Leptocleidus*. Dieses Reptil war nur 1,5 m lang.

★ **Größter Mosasaurier** *Mosasaurus*, der größte Mosasaurier, konnte bis zu 17,6 m lang werden.

★ **Kleinster Mosasaurier** *Carinodens* war der kleinste Mosasaurier, aber trotzdem ein Riese: Er wurde 3,5 m lang.

ÄLTESTE TIERE

• **Ältestes Reptil** *Hylonomus lyelli* ist das älteste Reptil, dessen Fossilien man bisher gefunden hat. Das Tier lebte vor 312 Mio. Jahren im Karbon und war nur etwa 20 cm lang.

• **Ältester Archosaurier** *Archosaurus* lebte im späten Perm vor etwa 255 Mio. Jahren in Russland. Er ist älter als alle anderen Archosaurier.

• **Ältester Dinosaurier** 2011 entdeckten Wissenschaftler Fossilien von *Eodromaeus*. Sie sind über 232 Mio. Jahre alt. Bisher hat man keinen älteren Dinosaurier gefunden.

• **Ältester Vogel** Bis vor Kurzem galt *Archaeopteryx* als der älteste Vogel, dessen Fossilien man gefunden hatte. Die Forschungsergebnisse eines Teams chinesischer Wissenschaftler könnten das ändern. Ein gefiederter Theropode namens *Xiaotingia zhengi*, der vor etwa 155 Mio. Jahren gelebt hat, könnte noch näher mit den Vögeln verwandt sein. Dann wäre er der älteste Vogel, den wir kennen.

• **Ältestes Säugetier** *Adelobasileus* lebte in der späten Trias vor etwa 220 Mio. Jahren in Nordamerika. Er ist das älteste Säugetier, das wir bisher kennen.

Die größten Dinosaurier

Einige Dinosaurier erreichten gewaltige Ausmaße. Wissenschaftler wissen noch nicht, warum das so war, aber es hatte viele Vorteile, groß zu sein. Auch die gefährlichsten Raubsaurier konnten die größten Pflanzenfresser nicht überwältigen. Mit ihrem riesigen Verdauungssystem konnten die Sauropoden Nährstoffe aus der Pflanzennahrung gut verwerten. Viele Theropoden wurden im Lauf der Evolution ebenfalls größer und jagten größere Beutetiere. Zwar werden größere Tiere auch heute noch oft älter als kleine, sie brauchen aber große Nahrungsmengen und sind gefährdet, wenn die Nahrung bei einer Klimaveränderung knapp wird.

DIE LÄNGSTEN SAUROPODEN

Die Sauropoden waren vermutlich die größten Tiere, die je auf dem Festland gelebt haben.

❶ ***Argentinosaurus*** lebte in der Kreidezeit. Wissenschaftler haben nur Teile seines Skeletts gefunden, wie Wirbel, Rippen und Teile der Oberschenkelknochen. Dieser Sauropode maß vom Kopf bis zum Schwanz wohl 33–41 m.

❷ ***Supersaurus*** war ein Sauropode aus dem Jura und mit *Apatosaurus* verwandt. Aus seinen Fossilien lässt sich ableiten, dass er vermutlich 33–34 m lang wurde.

❸ ***Sauroposeidon*** ist wahrscheinlich einer der letzten riesigen Sauropoden, die in Nordamerika lebten. Das Tier aus der Kreidezeit konnte 28–34 m lang werden. Man kennt nur vier seiner Halswirbel. Die lassen aber darauf schließen, dass er *Brachiosaurus* ähnelte.

❹ ***Futalognkosaurus*** wurde im Jahr 2000 entdeckt. Dieser kreidezeitliche Sauropode wurde 28–34 m lang, so lang wie *Sauroposeidon*.

❺ ***Diplodocus*** lebte gegen Ende des Juras. Dieses Tier konnte 30–33,5 m lang werden.

❻ ***Paralititan*** ist ein nicht sehr bekannter Sauropode aus der Kreidezeit. Forscher verglichen ihn mit seinem Verwandten *Saltasaurus*. Sie schätzen, dass *Paralititan* bis zu 32 m lang wurde.

❼ ***Turiasaurus*** war der größte Sauropode, der in Europa lebte. Dieser Dinosaurier wurde über 30 m lang.

DIE LÄNGSTEN THEROPODEN

Zu den Theropoden gehörten die größten und furchterregendsten Räuber, die je auf dem Festland gelebt haben.

❶ ***Spinosaurus*** war ein Theropode, der in der Kreidezeit lebte. Er wog ungefähr 7 t. Dieser gigantische Räuber fraß Fische und wurde bis zu 18 m lang.

❷ ***Carcharodontosaurus*** konnte ungefähr 8 t schwer und über 14 m lang werden.

❸ ***Giganotosaurus*** lebte in der späten Kreide. Dieser Theropode wurde bis zu 13 m lang.

❹ ***Tyrannotitan*** erreichte eine Länge von bis zu 12,2 m, war also etwas größer als *Tyrannosaurus rex*.

❺ ***Tyrannosaurus rex*** ist der bekannteste der riesigen Theropoden. Er wurde 12 m lang und wog über 6 t.

❻ ***Zhuchengtyrannus*** war ein Verwandter von *Tyrannosaurus rex* und lebte in der Kreidezeit in China. Er wurde bis zu 11 m lang und wog über 6,5 t.

Zu den Theropoden gehörten die größten Räuber auf dem Festland, aber auch einige der kleinsten Dinos, wie *Microraptor gui*.

DIE LÄNGSTEN ORNITHOPODEN

❶ ***Shantungosaurus*** lebte in der Kreidezeit. Dieser Ornithopode konnte über 16 m lang werden.

❷ ***Lambeosaurus*** hatte einen ungewöhnlichen, hohlen Kamm auf dem Kopf. Er wurde 15 m lang.

❸ ***Edmontosaurus*** war ein Ornithopode, der bis zu 13 m lang werden konnte.

❹ ***Charonosaurus*** hat man im Jahr 2000 entdeckt. Seine Fossilien fanden Paläontologen bei einem Flussufer in China. Sie schätzen, dass das Tier bis zu 13 m lang wurde.

❺ ***Iguanodon*** lebte vom späten Jura bis zur frühen Kreide. Dieser Ornithopode konnte über 12 m lang werden.

❻ ***Olorotitan*** hat man 2003 entdeckt. Wissenschaftler haben ein vollständiges Skelett gefunden. Der Dinosaurier konnte bis zu 12 m lang werden.

❼ ***Saurolophus*** wurde ebenfalls 12 m lang.

Dinosaurierforschung

Schon vor Jahrhunderten fanden Menschen Dinosaurierfossilien. Sie hielten sie für die Knochen von Fabelwesen. Wahrscheinlich ist das ein Grund, warum es in verschiedenen Teilen der Welt Legenden von Drachen und Riesen gibt. Ab dem 18. Jh. erforschten Wissenschaftler die Versteinerungen und erkannten sie als Beweis dafür, dass es bereits Tiere gab, bevor sich die Menschen entwickelten.

GROSSE PALÄONTOLOGEN

Wissenschaftler, die Dinosaurier und andere urzeitliche Tiere erforschen, nennt man Paläontologen. Dank ihrer Forschung wissen wir viel über die Urzeit.

▶ **Hermann von Meyer (1801–1869)** war ein deutscher Paläontologe. Nach ihm sind 37 fossile Pflanzen und Tiere benannt.

▶ **Othniel C. Marsh (1831–1899) und Edward Drinker Cope (1840–1897)** waren Rivalen. Die beiden Paläontologen entdeckten viele Dinosaurier, darunter *Triceratops* und *Diplodocus*.

▶ **Harry Govier Seeley (1839–1909)** war ein britischer Paläontologe, der die Dinosaurier anhand der Form ihrer Beckenknochen in Echsenbeckensaurier und Vogelbeckensaurier unterteilte.

▶ **Barnum Brown (1873–1963)**, ein amerikanischer Fossilienjäger, entdeckte als Erster Fossilien von *Tyrannosaurus rex*.

▶ **Ernst Stromer von Reichenbach (1870–1952)** war ein deutscher Paläontologe. Er gab dem 18 m langen *Spinosaurus* seinen Namen.

▶ **Friedrich von Huene (1875–1969)** war zu Lebzeiten einer der bekanntesten deutschen Paläontologen und beschrieb schon sehr früh viele Dinosaurier.

▶ **Roy Chapman Andrews (1884–1960)**, ein amerikanischer Entdecker, leitete Expeditionen in die Wüste Gobi in der Mongolei. Sein Team entdeckte Fossilien von *Oviraptor*, *Velociraptor* und *Proceratops* und auch Dinosauriereier.

▶ **Robert Bakker (geb. 1945)** ist ein amerikanischer Paläontologe. Er entwickelte die Theorie, dass Dinosaurier gleichwarme Tiere waren und die Vögel von ihnen abstammen.

▶ **John „Jack“ Horner (geb. 1946) und Robert Makela (1940–1987)**, zwei amerikanische Paläontologen, legten Dinosauriernester frei.

WICHTIGE EREIGNISSE

Seit dem 17. Jh. haben Fossilienjäger und Paläontologen über 600 verschiedene Dinosaurier gefunden. Hier einige Meilensteine der Dinosaurierforschung:

1546 Fossilien aus dem Solnhofer Plattenkalk werden erstmals in einem naturwissenschaftlichen Schriftstück erwähnt.

1811 Mary Anning war 11 Jahre alt, als sie die Fossilien eines Ichthyosauriers in den Klippen von Lyme Regis in England entdeckte. 12 Jahre später war sie die Erste, die ein Plesiosaurierfossil fand.

1820 Gideon Mantell sammelte Fossilien eines Dinos, der später den Namen *Iguanodon* bekam. Er versuchte, etwas über die Lebensweise des Tiers herauszufinden. Das war der Anfang der Dinosaurierforschung.

1824 *Megalosaurus* war der erste Dinosaurier, der wissenschaftlich benannt wurde.

1842 Sir Richard Owens prägte den Begriff „Dinosauria". Das bedeutet „schreckliche Echsen".

1861 Der deutsche Paläontologe Hermann von Meyer beschrieb den Urvogel *Archaeopteryx*.

1877 Als man in Colorado in den USA riesige Dinosaurierfossilien fand, brach ein „Dinorausch" aus. Man entdeckte *Allosaurus*, *Apatosaurus*, *Diplodocus*, *Triceratops* und *Stegosaurus*.

1908–1912 Die deutschen Paläontologen Werner Janensch und Edwin Henning fanden in Tansania Fossilien von *Brachiosaurus* und *Kentrosaurus*.

In den letzten 20 Jahren bekamen 486 Dinosaurier einen wissenschaftlichen Namen.

1933–1970 Der chinesische Paläontologe Yang Zhongjian benannte viele Dinosaurier, deren Fossilien man in China gefunden hatte, darunter *Lufengosaurus*, *Mamenchisaurus*, *Omeisaurus* und *Tsintaosaurus*.

1979 Der amerikanische Geologe Walter Alvarez und sein Vater Luis fanden neue Hinweise darauf, dass ein Meteoriteneinschlag zum Aussterben der Dinosaurier beigetragen hat.

1995 Aufnahme der Grube Messel als erste deutsche Welterbestätte in die Liste der UNESCO-Welterbestätten.

1998 Die chinesischen Paläontologen Chen Pei-ji, Dong Zhi-ming und Zhen Shou-nan entdeckten *Sinosauropteryx*, den bisher ältesten Dinosaurier mit Federn.

Glossar

Aetosaurier Eine Gruppe pflanzenfressender Archosaurier in der Trias. Aetosaurier trugen Platten und Stacheln am Rücken.

Allesfresser Ein Tier, das sowohl Pflanzen als auch Tiere frisst.

Ammoniten Eine ausgestorbene Gruppe von Weichtieren, die mit den Tintenfischen verwandt waren. Sie hatten ein spiralig gewundenes Gehäuse und lebten im Mesozoikum in den Meeren.

Amphibien Die Larven dieser Wirbeltiere leben im Wasser. Sie verwandeln sich in erwachsene Tiere, die an Land leben. Frösche und Molche sind Amphibien.

Angiospermen Zu dieser Pflanzengruppe gehören die Blütenpflanzen.

Ankylosaurier Diese Gruppe gepanzerter Vogelbeckensaurier lief auf allen vieren und fraß Pflanzen. Knochenplatten bedeckten den Hals und den Rücken. Am Schwanzende trugen die Tiere eine Knochenkeule.

Archosaurier Zu dieser Gruppe ursprünglicher Reptilien gehören die Dinosaurier, Flugsaurier, Krokodile und deren Verwandte. Sie hat sich vor etwa 255 Mio. Jahren entwickelt.

Art Alle Mitglieder einer bestimmten Tierart sehen ähnlich aus und können sich miteinander fortpflanzen. Während des Mesozoikums gab es über 1000 Arten von Dinosauriern.

Asymmetrisch Ein Tier hat einen asymmetrischen Körperbau, wenn es keine gedachte Linie gibt, die den Körper in gleiche Teile unterteilt.

Ausgestorben Wenn eine Tier- oder Pflanzenart für immer von der Erde verschwindet, ist sie ausgestorben. Das kann auf natürliche Weise geschehen, weil sich die Lebensräume verändern oder eine Naturkatastrophe eintritt. Viele Arten sterben aus, weil wir Menschen sie ausrotten oder ihre Lebensräume zerstören.

Brustbein Bei heutigen Vögeln ist dieser Knochen stark vergrößert. Am Brustbein setzen die kräftigen Flugmuskeln an. Urzeitliche Vögel hatten noch kein vergrößertes Brustbein.

Ceratopsier Eine Gruppe auf vier Beinen laufender Vogelbeckensaurier mit Hörnern und Nackenschilden, die Pflanzen fraßen.

Crurotarsi Eine Gruppe der Archosaurier, zu der die Crocodylomorphen und andere verwandte Reptilien gehören, wie die Rauisuchier und Aetosaurier.

Cynodontier Diese säugetierähnlichen Reptilien hatten Schneide-, Eck- und Backenzähne, ähnlich wie die Säugetiere. Zu den Cynodontiern gehören auch die Vorfahren der Säugetiere.

Dicynodontier Eine Gruppe pflanzenfressender, säugetierähnlicher Reptilien mit Eckzähnen.

Dinosaurier Diese Archosaurier entwickelten sich in der Trias und beherrschten lange Zeit das Festland. Zum Ende der Kreide starben sie aus. Die Vögel sind ihre Nachfahren.

Echsenbeckensaurier Eine der beiden Hauptgruppen der Dinosaurier. Bei den Echsenbeckensauriern war das Becken gebaut wie bei heute lebenden Echsen. Zu ihnen gehören die Theropoden und die Sauropodomorphen.

Embryo Ein Tier oder eine Pflanze in einem frühen Entwicklungsstadium. In Eiern und auch in Pflanzensamen entwickeln sich Embryos.

Erdzeitalter Ein Abschnitt der Erdgeschichte, der in verschiedene Perioden unterteilt wird.

Evolution Die allmähliche Veränderung von Lebewesen im Lauf vieler Generationen. Während der Evolution entwickeln sich neue Arten. Die Dinosaurier haben sich aus Archosauriern entwickelt. Die Vögel sind die Nachfahren von Theropoden, die Federn trugen.

Farne Die Mitglieder dieser Pflanzengruppe bilden keine Samen, sondern vermehren sich durch Sporen.

Fleischfresser Ein Tier, das sich fast nur von Fleisch ernährt.

Flügelspannweite Die Entfernung von einer Flügelspitze zur anderen, wenn beide Flügel ausgestreckt sind.

Flugsaurier Diese Archosaurier konnten mit ihren Flughäuten fliegen. Zu ihnen gehören die größten Lebewesen, die jemals fliegen konnten.

Fossilien Die versteinerten Überreste toter Lebewesen.

Gemäßigtes Klima In gemäßigten Klimazonen ist es weder sehr heiß noch sehr kalt.

Ginkgo Die Mitglieder dieser Pflanzengruppe bilden keine Blüten. Ginkgos wachsen zu hohen Bäumen mit fächerförmigen Blättern heran.

Gleichwarm Ein Tier, das eine gleichbleibend hohe Körpertemperatur hat, bezeichnet man als gleichwarm. Säugetiere und Vögel sind gleichwarm und wohl auch einige Dinosaurier. Die Körpertemperatur solcher Tiere verändert sich nicht mit der Temperatur der Umgebung.

Gondwana Zum Ende der Trias brach der Superkontinent Pangäa in zwei riesige Kontinente auf. Der südliche wird Gondwana genannt.

Gymnospermen Die Mitglieder dieser Pflanzengruppe bilden Samen. Zu den Gymnospermen gehören Palmfarne, Ginkgos und Nadelbäume wie Kiefern und Fichten.

Hadrosaurier Diese großen Ornithopoden lebten in der Kreidezeit und liefen auf allen vieren. Sie werden auch Entenschnabelsaurier genannt, denn sie trugen Schnäbel, mit denen sie ihre Nahrung abrupften.

Hominiden Zu dieser Säugetiergruppe gehören die Menschen, Schimpansen, Gorillas und Orang-Utans und ihre ausgestorbenen Verwandten.

Hypsilophodontiden Die Mitglieder dieser Ornithopodengruppe bewegten sich schnell.

Ichthyosaurier Diese delfinähnlichen, räuberischen Meeresreptilien waren im Mesozoikum häufig. Sie hatten große Augen, einen spitzen Kopf und Flossen.

Iguanodontiden Es gab kleine und große Vertreter dieser Dinosauriergruppe. Sie hatten einen pferdeähnlichen Kopf. Die Gruppe ist nach dem Ornithopoden *Iguanodon* benannt.

Jura Die zweite Periode im Mesozoikum, die vor 200 Mio. Jahren begann und vor 145 Mio. Jahren endete. In dieser Zeit beherrschten die Dinosaurier das Festland, Vögel und Säugetiere entwickelten sich.

Kambrium Die erste Periode im Paläozoikum vor 542–488 Mio. Jahren. Damals entwickelten sich die meisten Tiergruppen.

Känozoikum Das Erdzeitalter, das auf das Mesozoikum folgt. Es begann vor 65 Mio. Jahren und dauert bis heute an. Känozoikum bedeutet „Erdneuzeit".

Keratin Dieser Stoff ist ein wichtiger Bestandteil von Haaren, Hörnern, Nägeln und Hufen.

Kolonie Eine Gruppe von Tieren, die gemeinsam leben, wie Ameisen- oder Vogelkolonien. Bei manchen Tiergruppen, z. B. bei Korallen, sind die einzelnen Tiere miteinander verwachsen.

Koprolith Der versteinerte Kot eines Tiers.

Kreide Die dritte Periode des Mesozoikums, die vor 145 Mio. Jahren begann und vor 65 Mio. Jahren endete, als ein Meteorit auf der Erde einschlug.

Krokodile Zu dieser Gruppe gehören die heute lebenden Krokodile und Alligatoren. Sie und ihre ausgestorbenen Verwandten nennt man Crocodylomorphe. Sie gehören zur Reptiliengruppe der Archosaurier.

Laurasien Zum Ende der Trias brach der Superkontinent Pangäa in zwei riesige Kontinente auf. Der nördliche wird Laurasien genannt.

Lava Geschmolzenes Gestein, das bei einem Vulkanausbruch an die Erdoberfläche gelangt.

Mesozoikum Diesen Abschnitt der Erdgeschichte nennt man auch Erdmittelalter. Das Mesozoikum begann vor 252 Mio. Jahren und endete vor 65 Mio. Jahren. Es wird in die Perioden Trias, Jura und Kreide unterteilt.

Meteorit Ein Gesteinsbrocken aus dem Weltall, der die Erdatmosphäre durchdringt und auf der Erdoberfläche einschlägt.

Metriorhynchiden Diese Meeresreptilien hatten einen stromlinienförmigen Körper und flossenförmige Beine.

Mosasaurier Die Mitglieder dieser Gruppe großer Meeresreptilien hatten eine lange Schnauze, paddelförmige Beine und einen abgeflachten Schwanz, mit dem sie hin und her schlugen. Sie jagten in der Kreidezeit Fische und andere Meerestiere.

Nadelbaum Ein Baum, der die Samen nicht in Blüten, sondern in Zapfen bildet.

Nistkolonie Eine Gruppe von Tieren, die gemeinsam an einem Ort nistet und sich um ihre Jungen kümmert.

Nodosaurier Die Mitglieder dieser Gruppe pflanzenfressender Dinosaurier trugen schützende Knochenplatten am Rücken und an den Flanken und liefen auf allen vier Beinen.

Nothosaurier Die Mitglieder dieser Gruppe räuberischer Reptilien lebten in der Trias in den Meeren. Sie hatten Schwimmhäute zwischen den Zehen und brachten ihre Jungen vermutlich an Stränden zur Welt wie heutige Robben.

Ornithomimiden Die Mitglieder dieser Theropodengruppe ähnelten Straußen. Man nennt sie auch Vogelnachahmer.

Ornithopoden Die meisten Mitglieder dieser Gruppe pflanzenfressender Vogelbeckensaurier liefen auf den Hinterbeinen. Zur Gruppe gehören die Hypsilophodontiden, die Iguanodontiden und die Hadrosaurier.

Oviraptorosaurier Die Mitglieder dieser Theropodengruppe hatten einen Schnabel und Federn.

Pachycephalosaurier Die Dinosaurier dieser Gruppe liefen auf den Hinterbeinen und hatten einen aufgewölbten Schädel mit einem dicken Schädeldach.

Paläontologe Ein Wissenschaftler, der die versteinerten Überreste von Pflanzen und Tieren erforscht.

Paläontologie Die Wissenschaft von der Erforschung versteinerter Pflanzen und Tiere.

Paläozoikum Das Erdzeitalter vor dem Mesozoikum, das vor 542 Mio. Jahren begann und vor 252 Mio. Jahren endete. Man nennt es auch Erdaltertum.

Palmfarn Eine tropische oder subtropische Pflanze, die in großen Zapfen Samen bildet und eine Krone aus Wedeln trägt, ähnlich wie eine Palme.

Pangäa Im Paläozoikum und Mesozoikum bildeten alle Kontinente der Erde den Superkontinent Pangäa.

Periode Wissenschaftler unterteilen die Erdzeitalter in Perioden. Die Trias ist eine Periode des Mesozoikums.

Pflanzenfresser Ein Tier, das sich nur von Pflanzen ernährt.

Pigmente Chemische Stoffe, die einem Lebewesen seine Farbe verleihen.

Plazenta Dieses Organ entwickelt sich in der Gebärmutter von Säugetierweibchen, wenn sie Junge bekommen. Über die Plazenta werden Nähr- und Abfallstoffe zwischen der Mutter und dem Embryo ausgetauscht. *Eomaia* war vermutlich eines der ersten Säugetiere, die eine Plazenta ausbildeten.

Plesiosaurier Diese räuberischen Meeresreptilien lebten im Jura und in der Kreide. Sie schwammen mit flossenartigen Gliedmaßen in den Meeren. Viele hatten einen sehr langen Hals und einen kleinen Kopf.

Pliosaurier Die Tiere dieser Plesiosauriergruppe hatten einen muskulösen Hals und einen großen Kopf. Mit der krokodilähnlichen Schnauze waren sie die gefährlichsten Räuber in den Meeren des Mesozoikums.

Präkambrium Das Präkambrium begann mit der Entstehung der Erde. Auf das Präkambrium folgte das Kambrium.

Primaten Zu dieser Säugetiergruppe gehören Lemuren, Affen und Menschen.

Prosauropoden Die Tiere dieser ursprünglichen Echsenbeckensauriergruppe fraßen v. a. Pflanzen. Sie waren die Vorfahren der riesigen, langhalsigen Sauropoden.

Psittacosaurier Diese Ceratopsier lebten in der Kreide und liefen auf den Hinterbeinen. Sie hatten einen gekrümmten Schnabel, ähnlich wie Papageien, und ernährten sich von Pflanzenteilen.

Räuber Ein Tier, das andere Tiere jagt und tötet, um sich davon zu ernähren.

Rauisuchier Diese Archosaurier lebten in der Trias. Ihre Beine standen senkrecht unter dem Körper. Viele Rauisuchier ähnelten den Dinosauriern.

Räumliches Sehen Wenn sich die Blickfelder beider Augen überschneiden, kann ein Tier räumlich sehen. Es kann dann die Entfernung zu Gegenständen gut einschätzen.

Reptilien Diese wechselwarmen Wirbeltiere haben eine schuppige Haut. Sie leben meist an Land und legen Eier. Echsen, Schlangen, Schildkröten und Krokodile sind Reptilien.

Revier Der Teil des Lebensraums, den ein Tier gegen Rivalen verteidigt.

Säugetiere Die Mitglieder dieser Gruppe gleichwarmer Tiere säugen ihre weit entwickelt geborenen Jungen mit Milch und tragen meist ein Fell. Sie haben sich in der Trias aus Cynodontiern entwickelt.

Sauropoden Unter den Mitgliedern dieser Gruppe riesiger, langhalsiger Echsenbeckensaurier waren die größten Tiere, die je auf der Erde gelebt haben.

Sauropodomorphe Zu dieser Gruppe pflanzenfressender Echsenbeckensaurier gehören die Prosauropoden und die Sauropoden.

Schädel Der knöcherne Schädel schützt das Gehirn, die Augen, Innenohren und Nasenhöhlen.

Schambein Einer der drei Knochen, die bei Wirbeltieren das Becken bilden.

Schild Eine Knochenplatte, die mit einer Hornschicht bedeckt ist. Sie ist in die Haut eingewachsen und schützt vor den Zähnen und Krallen eines Feinds.

Schuppen Mit Horn bedeckte Knochenplatten in der Haut vieler Reptilien. Die Schuppen schützen den Körper vor Verletzungen.

Sediment Ein Gesteinsmaterial wie Sand oder Schlamm, das vom Wind, vom Wasser oder von einem Gletscher abgelagert wird.

Spurenfossilien Die Spuren urzeitlicher Lebewesen, die als Versteinerungen erhalten sind. Dazu gehören Fuß- und Bissspuren, versteinerter Kot und versteinerte Eier.

Stegosaurier Die Mitglieder dieser Gruppe auf vier Beinen laufender, pflanzenfressender Vogelbeckensaurier trugen Reihen knöcherner Platten und Stacheln an Rücken und Schwanz.

Stromatolithen Große, harte Strukturen im seichten Meerwasser, die aus dünnen Sedimentschichten bestehen. Zwischen den Sedimentschichten leben Mikroorganismen, wie Cyanobakterien. Im Präkambrium gab es sehr viele Stromatolithen.

Tarnkleid Farben oder Muster, die einem Tier helfen, in seiner Umgebung nicht gesehen zu werden.

Tetrapoden Wirbeltiere mit vier Extremitäten (Arme, Beine oder Flügel). Amphibien, Reptilien, Säugetiere und Vögel sind Tetrapoden. Sie haben sich aus fischähnlichen Vorfahren entwickelt.

Theropoden Die Dinosaurier dieser Gruppe waren Fleischfresser. Die meisten hatten scharfe Zähne und gefährliche Krallen. Unter ihnen waren Riesen wie *Tyrannosaurus rex* und Zwerge wie *Microraptor*.

Trias Die erste Periode des Mesozoikums, die vor 252 Mio. Jahren begann und vor 200 Mio. Jahren endete. In der Trias entwickelten sich die Dinosaurier.

Tropen Die Region um den Äquator. In den Tropen ist es sehr warm und in vielen Gebieten regnet es häufig.

Tyrannosauriden Eine Gruppe großer Theropoden mit kurzen Armen und Händen mit zwei Fingern. Sie sind nach *Tyrannosaurus rex* benannt.

Versteinerung Der Prozess, bei dem tote Lebewesen oder ihre Spuren sich in Fossilien verwandeln.

Vogel Ein Theropode mit einem Federkleid, der nicht nur von Baum zu Baum gleiten, sondern aktiv fliegen kann.

Vogelbeckensaurier Eine der beiden Hauptgruppen der Dinosaurier. Bei den Vogelbeckensauriern waren die Beckenknochen angeordnet wie bei modernen Vögeln. Zur Gruppe gehören die Stegosaurier, Ankylosaurier, Ceratopsier, Ornithopoden und Pachycephalosaurier.

Vorfahre Eine Art von Lebewesen, aus der sich im Lauf der Evolution eine neue Art entwickelt hat.

Wechselwarm Ein Tier, dessen Körpertemperatur von der Temperatur seiner Umgebung abhängig ist. Wechselwarme Tiere sind bei Kälte träge, weil ihr Körper auskühlt.

Weichtiere Zu dieser großen Gruppe wirbelloser Tiere gehören Schnecken, Muscheln und Tintenfische. Viele Weichtiere haben harte Schalen. Die Schalen urzeitlicher Weichtiere wie Ammoniten sind häufig als Versteinerungen erhalten.

Wirbel Die Knochen, die die Wirbelsäule eines Wirbeltiers bilden.

Wirbelloses Tier Ein Tier ohne Wirbelsäule und Knochenskelett.

Wirbeltiere Tiere mit einer Wirbelsäule und einem Skelett aus Knochen.

Register

M

N

O

P

Q R

S

T

U V W

X Y Z

Dank und Bildnachweis

Dorling Kindersley dankt: Helen Peters für das Register; David Roberts und Rob Campbell für die Datenbank-erstellung; Claire Bowers, Fabian Harry, Romaine Werblow und Rose Horridge von der DK Picture Library; Tanveer Abbas Zaidi für die Assistenz bei den Datenbanken und Tanya Mehrotra und Mahipal Singh für die Designassistenz.

Der Verlag dankt folgenden Personen und Institutionen für die freundliche Genehmigung zum Abdruck von Fotos:

(Abkürzungen: o = oben; u = unten; m = Mitte; l = links; r = rechts; go = ganz oben; Hg = Hintergrund)

1 Dorling Kindersley: Peter Minister, digitale Rekonstruktionen (m). **2–3 Dorling Kindersley:** Jon Hughes (m). **4 naturepl.com:** Doug Perrine (ul). **6–7 Science Photo Library**: Mark Garlick (um). **6 Dorling Kindersley:** Jon Hughes (r). **7 Getty Images:** Dan Kitwood (gor). **8 Dorling Kindersley:** Andy Crawford/David Donkin – Modellbauer (gol). **9 Dorling Kindersley:** Jon Hughes (mo); Peter Minister, digitale Rekonstruktionen (ur). **10 Dorling Kindersley:** Andy Crawford/David Donkin – Modellbauer (ol). **11 Dorling Kindersley:** Andrew Kerr (u); Peter Minister, digitale Rekonstruktionen (gol). **Getty Images:** Siri Stafford/Riser (u/Hg). **12 Dorling Kindersley:** Andy Crawford/David Donkin – Modellbauer (gol). **13 Corbis:** Inspirestock (ur/Hg). **Dorling Kindersley:** Peter Minister, digitale Rekonstruktionen (ur). **14 Dorling Kindersley:** Natural History Museum, London (u); The Oxford University Museum of Natural History (mr). **16 Dorling Kindersley:** Peter Minister, digitale Rekonstruktionen (ul). **17 Dorling Kindersley:** Tim Ridley/Robert L. Braun – Modellbauer (ul). **18 Corbis:** Grant Delin/ Outline Gallery (um). **Reuters:** Mike Segar (r). **19 Dorling Kindersley:** Peter Minister, digitale Rekonstruktionen (mr). Science Photo Library: Christian Darkin (gol). **20 Science Photo Library:** Mark Garlick (u). **21 Alamy Images:** Yogesh More/ ephotocorp (ml). **Dorling Kindersley:** Bedrock Studios/Jon Huges (ur). **Science Photo Library:** D. van Ravenswaay (gol). **23 Dorling Kindersley:** James Stevenson/ Donks Models – Modellbauer (ul). **24 Dorling Kindersley:** Natural History Museum, London. **25 Dorling Kindersley:** Royal Tyrrell Museum of Palaeontology, Alberta, Kanada (gor). **26 Dorling Kindersley:** Natural History Museum, London (ul). **The Natural History Museum**, London: (gor). **27 Reuters:** Mike Segar (r). **29 Corbis:** Louie Psihoyos/ Terra (gor). **Dorling Kindersley:** Natural History Museum, London (ul). **30 Corbis:** Louie Psihoyos/ Terra. **32 Corbis:** Philippe Widling/Design Pics (Hg). **Dorling Kindersley:** Peter Minister, digitale Rekonstruktionen. **33 Corbis:** Kevin Schafer (ur/ Hg). **Dorling Kindersley:** Peter Minister, digitale Rekonstruktionen (ur). **36 Corbis:** Randall Levensaler Photography/Aurora Photos (ur/Hg). **Dorling Kindersley:** Natural History Museum, London (gol); Peter Minister, digitale Rekonstruktionen (ur). **38–39 Corbis:** Philippe Widling/Design Pics (Hg). **Dorling Kindersley:** Peter Minister, digitale Rekonstruktionen. **38 Dorling Kindersley:** Andy Crawford/Robert L. Braun – Modellbauer (gol). **40 Dorling Kindersley:** Jon Hughes (go); Gary Ombler/Jonathan Hately – Modellbauer (u). **42 Corbis:** Gary Weathers/Tetra Images (Hg). **Dorling Kindersley:** Peter Minister, digitale Rekonstruktionen. **43 Dorling Kindersley:** Gary Ombler (ul). **46 Corbis:** Mitsushi Okada/amanaimages (ul/Hg). **46–47 Corbis:** Randall Levensaler Photography/ Aurora Photos (um/Hg). **Dorling Kindersley:** Peter Minister, digitale Rekonstruktionen (m). **47 Dorling Kindersley:** Natural History Museum, London (ur). **48 Dorling Kindersley:** Royal Tyrrell Museum of Palaeontology, Alberta, Kanada (u). **48–49 Dorling Kindersley:** Royal Tyrrell Museum of Palaeontology, Alberta, Kanada (gom). **49 Corbis:** Owen Franken (r/Hg). **Dorling Kindersley:** Peter Minister, digitale Rekonstruktionen (r). **50 Science Photo Library:** Christian Darkin (u). **51 Dorling Kindersley:** Jon Hughes (ul); Peter Minister, digitale Rekonstruktionen (ur). **52–53 Corbis:** Owen Franken (Hg). **Dorling Kindersley:** Peter Minister, digitale Rekonstruktionen. **54 Corbis:** moodboard (u/Hg). **Dorling Kindersley:** Peter Minister, digitale Rekonstruktionen (u). **55 Dorling Kindersley:** Jon Hughes (ul); Natural History Museum, London (gom); Peter Minister, digitale Rekonstruktionen (gol). **56 Dorling Kindersley:** Jon Hughes (ur); Institut für Geologie und Paläontologie, Tübingen, Deutschland (ml, ul). **61 Alamy Images:** Rob Walls (gol). Corbis: Louie Psihoyos/Science Faction (gor). **62–63 Dorling Kindersley:** Peter Minister, digitale Rekonstruktionen (go). **Getty Images:** Siri Stafford/Riser (go/Hg). **62 Getty Images:** Jeffrey L. Osborn/National Geographic (ur). **64–65 Dorling Kindersley:** Peter Minister, digitale Rekonstruktionen. **Getty Images:** Siri Stafford/ Riser (Hg). **66–67 Corbis:** Alan Traeger (u/Hg). **Dorling Kindersley:** Peter Minister, digitale Rekonstruktionen (u). **66 Dorling Kindersley:** Jon Hughes (go). **68–69 Dorling Kindersley:** Andrew Kerr. **Getty Images:** Siri Stafford/ Riser (r/Hg). **68 Dorling Kindersley:** Jon Hughes (l). **70 The Natural History Museum, London:** (ur). **73 Dorling Kindersley:** Peter Minister, digitale Rekonstruktionen. **Getty Images:** Holger Spiering (Hg). **74–75 Dorling Kindersley:** Peter Minister, digitale Rekonstruktionen. **Getty Images:** Oliver Strewe/ Photographer's Choice (Hg). **77 Dorling Kindersley:** Leicester Museum (r). **80 Dorling Kindersley:** Jon Hughes (u). **82–83 Corbis:** John Carnemolla (Hg). **Dorling Kindersley:** Peter Minister, digitale Rekonstruktionen. **84 Corbis:** Kevin Schafer (ur/ Hg). **Dorling Kindersley:** Peter Minister, digitale Rekonstruktionen (ur). **85 Corbis:** Paul A. Souders (go/Hg). **Dorling Kindersley:** Peter Minister, digitale Rekonstruktionen (go). **88–89 Corbis:** Paul A. Souders (Hg). **Dorling Kindersley:** Peter Minister, digitale Rekonstruktionen. **91 Dorling Kindersley:** Jon Hughes. **94–95 Dorling Kindersley:** Peter Minister, digitale Rekonstruktionen. **Getty Images:** Panoramic Images (Hg). **95 Dorling Kindersley:** Peter Minister, digitale Rekonstruktionen (ur); Royal Tyrrell Museum of Palaeontology, Alberta, Kanada (gor). **96 Dorling Kindersley:** Royal Tyrrell Museum of Palaeontology, Alberta, Kanada (ur). **97 Corbis:** Radius Images (Hg). **Dorling Kindersley:** Peter Minister, digitale Rekonstruktionen **98 Dorling Kindersley:** Natural History Museum, London (ul, ml, ur, gol). **99 Corbis:** Inspirestock (ur/Hg). **100–101 Getty Images:** De Agostini Picture Library (gom). **104–105 Dorling Kindersley:** Institut für Geologie und Paläontologie, Tübingen, Deutschland (u). **105 Dorling Kindersley:** Natural History Museum, London (go). **107 Dorling Kindersley:** Jon Hughes (ur). **108 Dorling Kindersley:** Jon Hughes (gol). **114 Dorling Kindersley:** Natural History Museum, London (ml). **115 Dorling Kindersley:** Natural History Museum, London (ul). **122 Dorling Kindersley:** Royal Tyrrell Museum of Palaeontology, Alberta, Kanada (ul). **123 Dorling Kindersley:** David Peart (Hg). **125 Dorling Kindersley:** Jon Hughes (ur). **126 Dorling Kindersley:** Hunterian Museum (University of Glasgow) (u). **129 Corbis:** Mark A. Johnson (gor/ Hg). **Dorling Kindersley:** Peter Minister, digitale Rekonstruktionen (gor). **130–131 Corbis:** Mark A. Johnson (Hg). **Dorling Kindersley:** Peter Minister, digitale Rekonstruktionen. **135 Dorling Kindersley:** Peter Minister, digitale Rekonstruktionen (um). **136 Dorling Kindersley:** Jon Hughes (gol). **137 Dorling Kindersley:** Jon Hughes (ul); Peter Minister, digitale Rekonstruktionen (gor); Robert L. Braun – Modellbauer (ur). Getty Images: DAJ (gor/ Hg). **138–139 Dorling Kindersley:** Peter Minister, digitale Rekonstruktionen. **Getty Images:** DAJ (Hg). **141 Dorling Kindersley:** Peter Minister, digitale Rekonstruktionen (gor).

Cover: *vorn:* **Dorling Kindersley:** The American Museum of Natural History (mlu), Graham High, Centaur Studios – Modellbauer (gol, mr)/ *Brachiosaurus*, (um), Jon Hughes (gor, ml)/ *Argentinosaurus*, (ul)/*Velociraptor*, Jon Hughes/ Bedrock Studios (gogr, gol)/*Scutosaurus*, (mlo), Graham High – Modellbauer (gol)/*Pentaceratops*, Jonathan Hately – Modellbauer (mro)/*Baryonyx*, Robert L. Braun – Modellbauer (om, mro)/ *Dilophosaurus*, (mru)/*Carnotaurus*, (ur), Centaur Studios – Modellbauer (m)/*Triceratops*, Leicester Museum (mlu)/*Tuojiangosaurus*, Natural History Museum, London (mru)/*Archaeopteryx*, (ul)/ *Psittacosaurus*, (ur)/*Triceratops*, Peter Minister, digitale Rekonstruktionen (ul)/*Deinonychus*, (m), Tim Ridley/ Robert L. Braun – Modellbauer (ul)/ *Styracosaurus*, Royal Tyrrell Museum of Palaeontology, Alberta, Kanada (gor)/Skelett, (mr, mru); *Rücken:* **Dorling Kindersley:** Jon Hughes (mlgu), Jonathan Hately – Modellbauer (mlu), Royal Tyrrell Museum of Palaeontology, Alberta, Kanada (mlo); *Rücken:* **Dorling Kindersley:** Peter Minister, digitale Rekonstruktionen (o).

Weitere Informationen unter:
www.dkimages.com